粤知丛书

广东省重点产业专利导航集：
地域篇

广东省知识产权保护中心　组织编写

知识产权出版社
全国百佳图书出版单位
—北京—

图书在版编目（CIP）数据

广东省重点产业专利导航集. 地域篇/广东省知识产权保护中心组织编写. —北京：知识产权出版社，2024.5
ISBN 978-7-5130-9097-1

Ⅰ.①广… Ⅱ.①广… Ⅲ.①专利—研究—广东 Ⅳ.①G306.72

中国国家版本馆 CIP 数据核字（2024）第 004777 号

内容提要

本书聚焦广东省重点产业技术发展情况和专利现状，结合区域发展情况和企业发展特点，对广东省重点产业的专利情况进行分析，以明晰广东省重点产业技术及专利的优势和不足，发挥知识产权信息分析对产业运行决策及企业经营决策的引导作用，强化产业或企业竞争力的专利支撑，提升产业创新驱动发展能力，围绕广东省部分地市（包括河源市、深圳市坪山区）重点产业分别进行专利导航研究，涵盖各产业的技术发展情况、发明人图谱、结论建议等。

责任编辑：张利萍　　　　　　　责任校对：王　岩
封面设计：杨杨工作室·张　冀　　责任印制：刘译文

广东省重点产业专利导航集：地域篇
广东省知识产权保护中心　组织编写

出版发行：知识产权出版社有限责任公司	网　　址：http://www.ipph.cn
社　　址：北京市海淀区气象路 50 号院	邮　　编：100081
责编电话：010-82000860 转 8387	责编邮箱：65109211@qq.com
发行电话：010-82000860 转 8101/8102	发行传真：010-82000893/82005070/82000270
印　　刷：北京九州迅驰传媒文化有限公司	经　　销：新华书店、各大网上书店及相关专业书店
开　　本：787mm×1092mm　1/16	印　　张：14.25
版　　次：2024 年 5 月第 1 版	印　　次：2024 年 5 月第 1 次印刷
字　　数：274 千字	定　　价：140.00 元
ISBN 978-7-5130-9097-1	

出版权专有　侵权必究
如有印装质量问题，本社负责调换。

"粤知丛书"编辑委员会

主　任：邱庄胜
副主任：刘建新
编　委：廖汉生　耿丹丹　吕天帅　陈宇萍　陈　蕾
　　　　魏庆华　岑　波　黄少晖　熊培新

本书作者

作　者：田丽娟　郑少金　孙　璁　黄　菲　周小燕

丛书序言

我国正处在一个非常重要的历史交汇点上。我国已经实现全面小康，进入全面建设社会主义现代化国家的新发展阶段；我国已胜利完成"十三五"规划目标，正在系统擘画"十四五"甚至更长远的宏伟蓝图；改革开放40年后再出发，迈出新步伐；"两个一百年"奋斗目标在此时此刻接续推进；在世界发生百年未有之大变局背景下，如何把握中华民族伟大复兴战略全局，是摆在我们面前的历史性课题。

改革开放以来，伴随着经济的腾飞、科技的进步，广东省的知识产权事业蓬勃发展。特别是党的十八大以来，广东省深入学习贯彻习近平总书记关于知识产权的重要论述，认真贯彻落实党中央和国务院重大决策部署，深入实施知识产权战略，加快知识产权强省建设，有效发挥知识产权制度作用，为高质量发展提供有力支撑，为丰富"中国特色知识产权发展之路"的内涵提供广东省的实践探索。

2020年10月，习近平总书记在广东省考察时强调，"以更大魄力、在更高起点上推进改革开放"，"在全面建设社会主义现代化国家新征程中走在全国前列、创造新的辉煌"。2020年11月，习近平总书记在中共中央政治局第25次集体学习时发表重要讲话，强调"全面建设社会主义现代化国家，必须从国家战略高度和进入新发展阶段的要求出发，全面加强知识产权保护工作，促进建设现代化经济体系，激发全社会创新活力，推动构建新发展格局"。2021年9月，中共中央、国务院印发《知识产权强国建设纲要（2021—2035年）》，描绘出我国加快建设知识产权强国的宏伟蓝图。这是广东省知识产权事业发展的重要历史交汇点！

2018年10月，广东省委省政府批准成立广东省知识产权保护中心（以下简称保护中心）。自成立以来，面对新形势、新任务、新要求和新机遇，保护中心坚持以服务自主创新为主线，以强化知识产权协同保护和优化知识产权公共服务为重点，着力支撑创新主体掌握自主知识产权，着力支撑重点产业提升核心竞争力，着力支撑全社会营造良好营商环境，围绕建设高质量审查和布局通道、高标准协同保护和维权网络、高效率运营和转化平台、高水平信息和智力资源服务基础等重大任务，在打通创造、保护、运用、管理和服务全链条，构建专业化公共服务与市场化增值服务相结合的新机制，建设高端知识产权智库，打造国内领先、具有国际影响力的知识产权服务品牌，探索知识产权服务高质量发展新路径等方面大胆实践，力争为贯彻新发展理念、构建新发展格局、推动高质量发展提供有力保障。

保护中心致力于知识产权重大战略问题研究，鼓励支持本单位业务骨干特别是年轻的业务骨干，围绕党中央和国务院重大决策部署，紧密联系广东省知识产权发展实际，深入开展调查研究，认真编撰调研报告。保护中心组织力量将逐步对这些研究成果结集汇编，以"粤知丛书"综合性系列出版物形式公开出版，主要内容包括学术研究专著、海外著作编译、研究报告、学术教材、工具指南等，覆盖知识产权方面的政策法规、战略举措、创新动态、产业导航、行业观察等，旨在为产业界、科技界及时掌握知识产权理论和实践最新动态提供支持，为社会公众全面准确解读知识产权专业信息提供指南，并持之以恒地为全国知识产权事业改革发展贡献广东智慧和力量。

由于时间仓促，研究能力所限，书中难免存在疏漏和偏差，敬请各位专家和广大读者批评指正！

广东省知识产权保护中心
"粤知丛书"编辑部
2024 年 4 月

本书前言

随着全球化的深入和知识经济的发展，知识产权已经成为各个国家和地区参与国际竞争的一大利器。而专利信息研究对产业发展具有深远的指导性意义。它不仅仅是研究技术进步的晴雨表，同时也是企业决策和产业政策制定的重要依据。从行业和政府的角度看，专利信息研究是评估国家或地区产业技术创新能力的重要工具。政府可以依据专利数据的分析结果，判断技术创新的活跃度，识别科技发展的热点领域和潜力领域，从而制定科技政策，优化产业结构，推动高质量发展。对企业而言，专利信息研究能提供关于技术发展的前瞻性知识。企业可以通过分析特定技术领域的专利申请和授权状况，洞察行业趋势和技术演进的轨迹。这对于确保企业研发的方向与市场需求保持同步，以及避免在技术瓶颈和法律风险上投入不必要的资源至关重要。此外，专利信息研究还能为产业转型升级提供支撑。当前，许多产业面临着从低端向中高端跃升的需求，通过专利布局的分析，政府和企业能够认清技术升级的路径，促进传统产业的升级和新兴产业的培养。

广东省作为我国经济大省之一，一直是中国经济发展的前沿阵地。其地区生产总值连续多年位居全国省份之首，是改革开放最早的试验区之一，拥有强大的制造业基地和活跃的外贸经济。2020年，《广东省人民政府关于培育发展战略性支柱产业集群和战略性新兴产业集群的意见》发布，要求瞄准国际先进水平落实"强核""立柱""强链""优化布局""品质""培土"六大工程，打好产业基础高级化和产业链现代化攻坚战，重点发展十大战略性支柱产业集群和十大战略性新兴产业集群，到2025年，培育若干具有全球竞争力的产业集群，打造产业高质量发展典范，并明确提出要积极推动集群企业开展高价值专利培育布局，强化知识产权保护与产业化应用。

广东省知识产权保护中心聚焦于广东省重点产业的技术发展情况和专利现状，结合区域发展情况和企业发展特点，对广东省市重点产业的专利信息进行了研究。本套书分为产业篇、地域篇、技术篇三册。本书为地域篇，选取河源市和深圳市坪山区作为研究对象，对地区专利现状和产业情况进行了梳理，并对区域内重点产业涉及的技术领域进行了专利现状、技术发展趋势、龙头企业及推荐引进企业专利情况的分析研究，为地区产业规划、企业及人才引进、企业发展提供了对策建议。

通过对以上广东省代表地区的技术和专利进行研究，以明晰广东省重点产业技术与专利的优势和不足，发挥知识产权信息分析对产业运行决策及企业经营决策的引导作用，为广东省重点产业或企业的竞争力提供专利支撑，从而提升产业创新驱动发展能力。

本书编写组

2024 年 4 月

CONTENTS 目录

河源市专利分析评议报告 // 001

第一部分 河源市专利分析 // 003

第1章 河源市专利现状分析 ·· 004

  1.1 产业分布 / 004

  1.2 产业发展 / 005

  1.3 技术热点 / 005

  1.4 技术集中度 / 006

  1.5 技术领先者 / 010

  1.6 技术领先者发展态势 / 011

  1.7 研发合作情况 / 012

  1.8 专利类型及有效性 / 013

  1.9 专利运营情况 / 014

  1.10 PCT 申请情况 / 014

  1.11 上市企业情况分析 / 016

第2章 河源市专利情况总结 ·· 017

第二部分 河源富马硬质合金有限公司 // 019

第1章 硬质合金刀具涂层技术发展现状分析 ·· 020

  1.1 硬质合金刀具涂层技术简介 / 020

  1.2 硬质合金刀具涂层技术发展趋势 / 021

  1.3 硬质合金刀具涂层各技术分支 / 021

1.4 检索基本情况概述 / 022

第 2 章 硬质合金刀具涂层专利宏观分析 ······ 025
2.1 硬质合金刀具涂层材料专利总体分析 / 026
2.2 硬质合金刀具涂层制备方法专利总体分析 / 031
2.3 硬质合金刀具涂层设备专利总体分析 / 035

第 3 章 硬质合金刀具涂层的最新研究进展 ······ 041
3.1 硬质合金刀具涂层材料的最新研究进展 / 041
3.2 硬质合金刀具制备方法的最新研究进展 / 054
3.3 硬质合金刀具涂层设备的最新研究进展 / 058

第 4 章 小结与建议 ······ 063
4.1 硬质合金刀具涂层技术发展总结 / 063
4.2 企业发展建议 / 064

第三部分 铭镭激光智能装备（河源）有限公司 // 067

第 1 章 激光加工技术发展现状 ······ 068
1.1 激光加工技术简介 / 068
1.2 激光加工技术发展趋势 / 068
1.3 激光加工各技术分支 / 069
1.4 检索基本情况概述 / 070

第 2 章 激光加工专利导航分析 ······ 073
2.1 激光加工专利总体分析 / 073
2.2 激光加工专利地域分布 / 074
2.3 激光加工专利申请人分析 / 075
2.4 激光加工专利技术分布 / 077

第 3 章 激光切割专利导航分析 ······ 078
3.1 激光切割专利总体分析 / 078
3.2 激光切割专利地域分布 / 079
3.3 激光切割专利申请人分析 / 080

第 4 章 激光焊接专利导航分析 ······ 082
4.1 激光焊接专利总体分析 / 082

4.2　激光焊接专利地域分布 / 083

　　　4.3　激光焊接专利申请人分析 / 085

第 5 章　小结与建议……………………………………………………………087

　　　5.1　激光加工技术发展总结 / 087

　　　5.2　企业发展建议 / 087

深圳市坪山区集成电路产业"双招双引"工作中专利分析评议报告　//　091

第 1 章　坪山区集成电路产业知识产权分析评议项目需求分析………………093

　　　1.1　坪山区概况 / 093

　　　1.2　坪山区产业发展背景 / 093

　　　1.3　坪山区集成电路产业发展现状 / 094

　　　1.4　坪山区集成电路产业分析评议需求 / 097

第 2 章　基于专利视角的坪山区产业专利信息检索与分析………………………099

　　　2.1　专利信息检索简述 / 099

　　　2.2　坪山区科技产业及集成电路产业专利分析 / 105

　　　2.3　坪山区集成电路龙头企业专利分析 / 123

　　　2.4　小结：产业高速发展，专利持续增长，通过信息支撑

　　　　　 "双招双引" / 132

第 3 章　集成电路产业"双招双引"信息搜索与推荐……………………………133

　　　3.1　重点中游产业链招商模式信息搜集及推荐 / 133

　　　3.2　重点企业供应链招商模式信息搜集及推荐 / 140

　　　3.3　集成电路细分产业招商信息搜集及推荐 / 158

　　　3.4　核心技术人才信息搜索及推荐 / 163

　　　3.5　小结：产业优势明显，充分利用数据支撑招商工作 / 169

第 4 章　重点推荐对象的知识产权分析……………………………………………170

　　　4.1　嘉兴斯达半导体股份有限公司专利分析 / 170

　　　4.2　安集微电子（上海）有限公司专利分析 / 176

　　　4.3　上海新阳半导体材料股份有限公司专利分析 / 182

　　　4.4　北方华创科技集团股份有限公司专利分析 / 186

　　　4.5　沈阳芯源微电子设备股份有限公司专利分析 / 192

4.6 华进半导体封装先导技术研发中心有限公司专利分析 / 196

4.7 江苏长电科技股份有限公司专利分析 / 201

4.8 小　结 / 205

第5章 坪山区集成电路知识产权建设建议 ……………………………… 207

5.1 集成电路产业招商目标企业整体技术先进、风险可控 / 207

5.2 下阶段重点强化区属企业以及引进企业的专利产出的属地化 / 207

5.3 依托省分析评议中心推动知识产权分析评议成果落地 / 211

5.4 充分利用预审通道加快服务核心企业确权业务 / 212

河源市专利分析评议报告

田丽娟　黄　菲　赵　飞
黎啦啦　周小燕

广东省知识产权保护中心

第一部分 河源市专利分析

河源市位于广东省东北部，积极参与粤港澳大湾区产业链协作分工，推进建设深圳河源产业共建示范区，大力发展新一代信息技术、高端机械装备制造、新材料、新能源、数字经济、节能环保、生命健康等战略性新兴产业。

2022年河源市地区生产总值为1294.57亿元，比上年增长1.0%。其中，第一产业增加值为162.41亿元，比上年增长4.7%；第二产业增加值为469.15亿元，比上年增长0.5%；第三产业增加值为663.01亿元，比上年增长0.5%。2022年，全市规模以上工业增加值为363.51亿元，比上年增长2.4%。从经济类型看，股份制企业增加值为233.95亿元，比上年增长4.6%，增速高出全部规模以上工业增速2.2个百分点。从行业看，有色金属矿采选业和汽车制造业全年保持较快增速，分别增长34.5%和32.8%，增速分别高出全部规模以上工业32.1个百分点和30.4个百分点；支柱产业发挥压舱石作用，增加值排前三位的计算机、通信和其他电子设备制造业，电力、热力生产和供应业，文教、工美、体育和娱乐用品制造业分别增长6.6%、23.5%和8.5%，合计拉动规模以上工业增加值增速6.4个百分点。河源市拥有一个高新技术开发区，是粤东西北地区首个国家级高新技术开发区。

近年来，河源市各产业发展迅速。为了充分了解河源市各产业的技术发展情况和专利现状，广东省知识产权保护中心利用专利大数据库，对河源市各产业的专利情况进行了统计和分析，以明晰河源市各产业技术及专利的优势和不足，为河源市的产业发展提出建议。

第1章　河源市专利现状分析

1.1　产业分布

对河源市的专利进行检索，截至2022年12月31日，河源市专利申请量共27649件。对专利进行标引分类，得到河源市的产业专利分布，如图1-1所示。

由图1-1可以看出，河源市的专利申请主要集中在金属制品、机械和设备修理业、仪器仪表制造业及通用设备制造业。其中，金属制品、机械和设备修理业的专利申请量高达13499件，仪器仪表制造业的专利申请量高达12234件，通用设备制造业的专利申请量高达10097件。河源市其他产业的专利申请量均不超过10000件，如专用设备制造业的专利申请量为9558件，机动车、电子产品和日用产品修理业的专利申请量为6545件。从专利申请的产业分布情况可以看出区域内产业的重点研发方向，由此可知，河源市产业技术研发主要集中在金属制品、机械和设备修理业领域及仪器仪表制造业领域。

行业分类	专利数量/件
金属制品、机械和设备修理业	13499
仪器仪表制造业	12234
通用设备制造业	10097
专用设备制造业	9558
机动车、电子产品和日用产品修理业	6545
金属制品业	5731
电气机械和器材制造业	6534
计算机、通信和其他电子设备制造业	4985
非金属矿物制品业	4105
橡胶和塑料制品业	2574

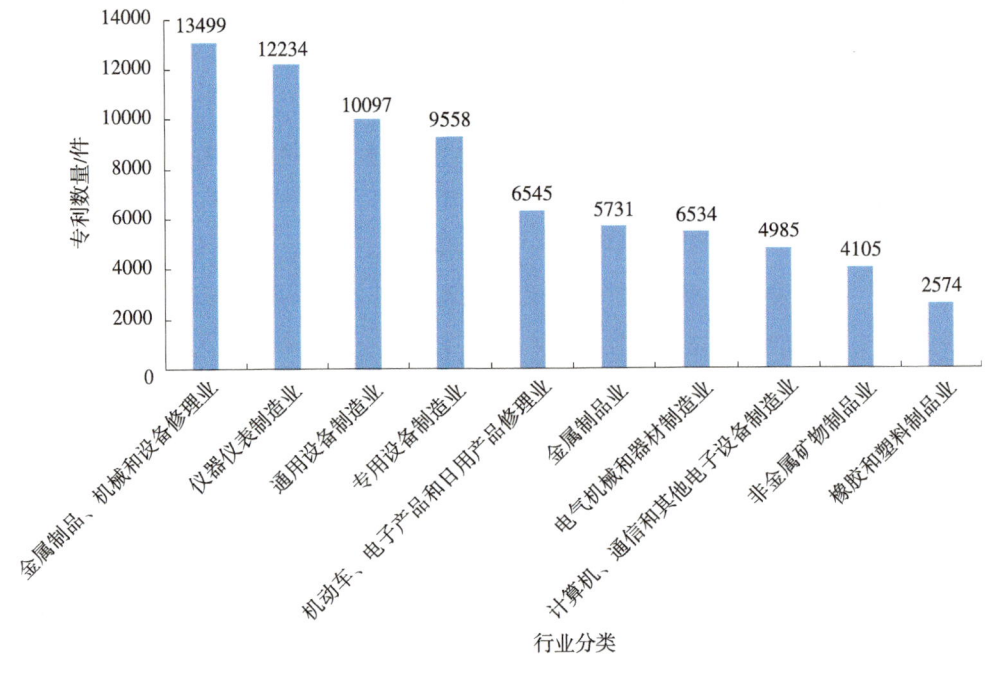

图1-1　河源市产业专利分布

1.2 产业发展

近 20 年来河源市各产业的专利申请情况如图 1-2 所示。由图可知，近 20 年来，河源市各产业的专利申请量均呈上升趋势。2015 年之前，河源市各产业的专利申请量增长较为缓慢；2015 年至今，河源市各产业的专利申请量呈迅速增长态势，说明 2015 年之后各产业创新主体增强了知识产权意识。尤其是金属制品、机械和设备修理业及仪器仪表制造业，专利申请量均在 2020 年达到新高。

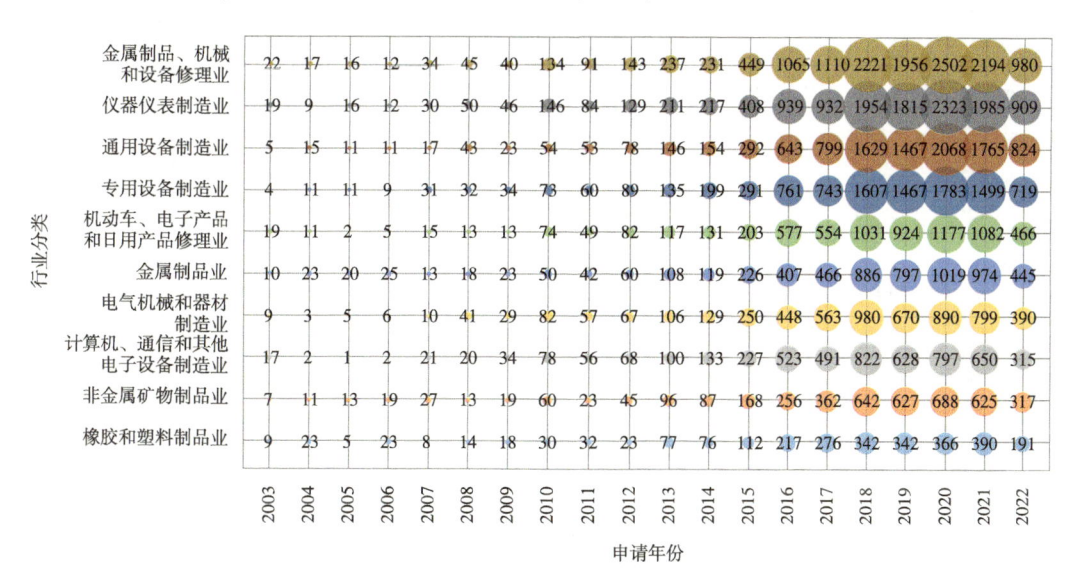

图 1-2　河源市近 20 年来产业专利发展情况（单位：件）

1.3 技术热点

为了了解河源市各产业的专利技术热点分布，对河源市各产业的专利申请分成了 4 个时间段（2003—2007 年、2008—2012 年、2013—2017 年、2018—2022 年），研究其各阶段的专利申请占比变化情况，从而揭示河源市各产业的专利技术研究热点。

表 1-1 体现了河源市产业专利技术热点情况。从 4 个时间段的专利申请量占比情况来看，金属制品、机械和设备修理业，仪器仪表制造业，通用设备制造业及专用设备制造业在近 5 年的专利申请量占比增长迅速，都在 70% 以上。其中，金属制品、机械和设备修理业 72.99% 的专利、仪器仪表制造业 73.45% 的专利、通用设备制造业 76.78% 的专利都在近 5 年内申请布局。河源市其他产业的专利申请量也大多集中在近 5 年，进一步说明近 5 年河源市各产业创新主体的知识产权意识显著增强。

表 1-1 河源市近 20 年产业专利技术热点

行业分类	专利数量/件	各阶段专利申请量的占比/%			
		2003—2007 年	2008—2012 年	2013—2017 年	2018—2022 年
金属制品、机械和设备修理业	13499	0.75	3.35	22.90	72.99
仪器仪表制造业	12234	0.70	3.72	22.12	73.45
通用设备制造业	10097	0.58	0.25	20.14	76.78
专用设备制造业	9558	0.69	3.01	22.27	74.02
机动车、电子产品和日用产品修理业	6545	0.79	3.53	24.17	71.50
金属制品业	5731	1.59	3.37	23.14	71.90
电气机械和器材制造业	6534	0.60	4.99	27.03	67.38
计算机、通信和其他电子设备制造业	4985	0.86	5.13	29.57	64.43
非金属矿物制品业	4105	1.87	3.90	23.60	70.62
橡胶和塑料制品业	2574	2.64	4.54	29.45	63.36

1.4 技术集中度

河源市近 20 年各产业专利申请量排名前 10 位的申请人的专利申请主要集中在计算机、通信和其他电子设备制造业，非金属矿物制品业，机动车、电子产品和日用产品修理业，电气机械和器材制造业，橡胶和塑料制品业。重要产业专利申请量排名前 10 位的申请人及其专利申请量占全市专利申请量的比例见表 1-2。由此可以分析河源市各产业的专利技术集中度具体见表 1-3。可以看出，大部分产业的技术集中度不高，排名前 10 位的专利申请人的专利数量占比均低于 25%，说明河源市各产业尚未形成龙头企业，各产业的专利技术多分散在各中小企业，未形成明显的技术聚集。其中，专用设备制造业排名前 10 位的专利申请人的专利数量占比仅为 9.48%，说明专用设备制造业的技术分散程度较高。

表1-2 河源市近20年重要产业专利申请量排名前10位的申请人

序号	金属制品、机械和设备修理业			序号	仪器仪表制造业		
	申请人	专利数量/件	占比/%		申请人	专利数量/件	占比/%
1	景旺电子科技（龙川）有限公司	309	2.36	1	景旺电子科技（龙川）有限公司	300	2.54
2	河源富马硬质合金股份有限公司	204	1.56	2	广东汉能薄膜太阳能有限公司	223	1.89
3	河源职业技术学院	201	1.54	3	河源职业技术学院	199	1.68
4	铭镭激光智能装备（河源）有限公司	158	1.21	4	铭镭激光智能装备（河源）有限公司	158	1.34
5	河源中光电通讯技术有限公司	137	1.05	5	广东雅达电子股份有限公司	139	1.18
6	广东雅达电子股份有限公司	117	0.89	6	河源中光电通讯技术有限公司	102	0.86
7	广东汉能薄膜太阳能有限公司	114	0.87	7	河源富马硬质合金股份有限公司	98	0.83
8	西可通信技术设备（河源）有限公司	110	0.84	8	河源市皓吉达通讯器材有限公司	95	0.80
9	河源正信硬质合金有限公司	107	0.82	9	精电（河源）显示技术有限公司	95	0.80
10	精电（河源）显示技术有限公司	105	0.80	10	西可通信技术设备（河源）有限公司	88	0.74
序号	通用设备制造业			序号	专用设备制造业		
	申请人	专利数量/件	占比/%		申请人	专利数量/件	占比/%
1	河源富马硬质合金股份有限公司	168	1.71	1	广东汉能薄膜太阳能有限公司	123	1.33
2	广东汉能薄膜太阳能有限公司	163	1.66	2	河源职业技术学院	115	1.24
3	铭镭激光智能装备（河源）有限公司	157	1.59	3	河源市众拓光电科技有限公司	112	1.21
4	河源职业技术学院	134	1.36	4	河源富马硬质合金股份有限公司	105	1.13

续表

5	龙川纽恩泰新能源科技发展有限公司	106	1.08	5	精电（河源）显示技术有限公司	78	0.84
6	河源市众拓光电科技有限公司	83	0.84	6	广东丰康生物科技有限公司	76	0.82
7	河源普益硬质合金厂有限公司	82	0.83	7	河源市东源鹰牌陶瓷有限公司	76	0.82
8	河源正信硬质合金有限公司	76	0.77	8	河源中光电通讯技术有限公司	67	0.72
9	谢文景	72	0.73	9	许泳城	64	0.69
10	广东聚腾环保设备有限公司	68	0.69	10	龙川纽恩泰新能源科技发展有限公司	62	0.67

序号	机动车、电子产品和日用产品修理业			序号	金属制品业		
	申请人	专利数量/件	占比/%		申请人	专利数量/件	占比/%
1	景旺电子科技（龙川）有限公司	260	4.13	1	河源富马硬质合金股份有限公司	127	2.25
2	铭镭激光智能装备（河源）有限公司	139	2.21	2	河源职业技术学院	58	1.03
3	河源中光电通讯技术有限公司	107	1.70	3	龙川纽恩泰新能源科技发展有限公司	58	1.03
4	龙川纽恩泰新能源科技发展有限公司	107	1.70	4	河源正信硬质合金有限公司	56	0.99
5	河源职业技术学院	100	1.59	5	广东皇星婴童用品有限公司	50	0.88
6	河源富马硬质合金股份有限公司	99	1.57	6	广东迈诺工业技术有限公司	49	0.87
7	精电（河源）显示技术有限公司	93	1.48	7	广东汉能薄膜太阳能有限公司	48	0.85
8	西可通信技术设备（河源）有限公司	80	1.27	8	河源普益硬质合金厂有限公司	45	0.80
9	广东美晨通讯有限公司	70	1.11	9	何少银	44	0.78
10	广东雅达电子股份有限公司	66	1.05	10	华比亚（河源）婴童用品有限公司	44	0.78

续表

序号	电气机械和器材制造业 申请人	专利数量/件	占比/%	序号	计算机、通信和其他电子设备制造业 申请人	专利数量/件	占比/%
1	广东汉能薄膜太阳能有限公司	172	3.17	1	景旺电子科技（龙川）有限公司	245	5.12
2	龙川纽恩泰新能源科技发展有限公司	148	2.73	2	广东汉能薄膜太阳能有限公司	122	2.55
3	许泳城	91	1.68	3	谢文景	120	2.51
4	河源市众拓光电科技有限公司	89	1.64	4	河源市众拓光电科技有限公司	117	2.45
5	叶建忠	75	1.38	5	河源中光电通讯技术有限公司	104	2.17
6	谢文景	70	1.29	6	西可通信技术设备（河源）有限公司	104	2.17
7	广东米特拉电器科技有限公司	67	1.23	7	精电（河源）显示技术有限公司	98	2.05
8	广东聚腾环保设备有限公司	60	1.10	8	黄凤波	83	1.74
9	广东雅达电子股份有限公司	59	1.09	9	河源职业技术学院	68	1.42
10	河源市皓吉达通讯器材有限公司	57	1.05	10	广东美晨通讯有限公司	65	1.36

序号	非金属矿物制品业 申请人	专利数量/件	占比/%	序号	橡胶和塑料制品业 申请人	专利数量/件	占比/%
1	何少银	135	3.37	1	谢文景	101	3.94
2	广东汉能薄膜太阳能有限公司	132	3.30	2	瑞信五金（河源）有限公司	53	2.07
3	谢文景	101	2.52	3	河源市东盛达包装材料有限公司	44	1.72
4	河源市众拓光电科技有限公司	81	2.02	4	广东汉能薄膜太阳能有限公司	39	1.52
5	李发兴	76	1.90	5	中国建筑第二工程局有限公司	38	1.48

续表

6	广东迈诺工业技术有限公司	60	1.50	6	广东霸王花食品有限公司	33	1.29
7	广东皇星婴童用品有限公司	55	1.37	7	广东迈诺工业技术有限公司	31	1.21
8	中国建筑第二工程局有限公司	52	1.30	8	广东金宣发包装科技有限公司	31	1.21
9	华比亚（河源）婴童用品有限公司	50	1.25	9	中建二局阳光智造有限公司	26	1.01
10	周栋全	46	1.15	10	广东美丽康保健品有限公司	25	0.98

表1-3　河源市近20年产业专利技术集中度

行业分类	排名前10位的申请人专利数量/件	排名前10位的申请人专利数量占比/%
金属制品、机械和设备修理业	1562	11.95
仪器仪表制造业	1497	12.66
通用设备制造业	1109	11.26
专用设备制造业	878	9.48
机动车、电子产品和日用产品修理业	1121	17.80
金属制品业	579	10.24
电气机械和器材制造业	888	16.35
计算机、通信和其他电子设备制造业	1126	23.55
非金属矿物制品业	788	19.67
橡胶和塑料制品业	421	16.43

1.5　技术领先者

统计河源市的专利申请人排名，排名前10位的专利申请人见表1-4。其中，8位为企业，1位为高校，1位为个人。河源职业技术学院以专利申请量377件的绝对优势居第1位；景旺电子科技（龙川）有限公司的专利申请量为326件，居第2位；广东汉能薄膜太阳能有限公司的专利申请量为274件，居第3位。值得注意的是，谢文景的个人申请量高达224件，居第6位，其专利申请均为汽车导航面板的外观设计，并于2021年5月25日全部转让给惠州市博越汽车零部件制造有限公司。

表 1-4 河源市近 20 年排名前 10 位的专利申请人

序号	申请人	专利数量/件	主要领域
1	景旺电子科技（龙川）有限公司	405	片式元器件、敏感元器件及传感器、频率控制与选择元件、混合集成电路、光电子器件、高密度互连积层板
2	河源职业技术学院	400	应用电子技术、数控技术、移动通信技术、模具设计与制造、服装设计
3	广东汉能薄膜太阳能有限公司	277	太阳能光伏电池及电池组件
4	河源富马硬质合金股份有限公司	259	切削刀片、地矿产品、耐磨零件、拉拔模具和数控刀具
5	龙川纽恩泰新能源科技发展有限公司	252	燃气、太阳能及类似能源家用器具，配电开关控制设备
6	谢文景	224	汽车导航面板的外观
7	广东雅达电子股份有限公司	189	电力仪器仪表、电力测控装置、电力保护装置、传感器、互感器、电能表、低压配电设备、电气火灾监控设备、消防安全设备
8	西可通信技术设备（河源）有限公司	185	手机、移动通信设备、通信终端、数字数码电子设备、便携式微型计算机、精密工模具
9	铭镭激光智能装备（河源）有限公司	178	金属切割及焊接设备制造；激光打标加工
10	广东丰康生物科技有限公司	175	微生物肥料、土壤调理剂和新型肥料

1.6 技术领先者发展态势

将河源市各产业的专利技术领先者的专利申请情况分成 4 个时间段（2003—2007 年、2008—2012 年、2013—2017 年、2018—2022 年），研究其各阶段的专利申请量占比变化情况，从而揭示河源市各产业专利技术领先者的专利申请发展态势，具体见表 1-5。

从 4 个时间段的专利申请量占比情况来看，河源职业技术学院的专利申请主要集中在近 5 年，近 5 年的申请量占比 60.00%；景旺电子科技（龙川）有限公司的专利申请主要集中在近 10 年，近 10 年来发展较为平缓稳定；广东汉能薄膜太阳能有限公司的申请几乎全部集中在近 5 年，其申请量占比高达 89.53%。排名前 10 位的专利申请人中，大多数申请人的专利申请在近5年内布局，专利申请量增长迅速。然而，西可通信技术设备（河源）有限公司、广东丰康生物科技有限公司近5年来专利申请量明显减少。

表1-5　河源市近20年专利技术领先者的专利申请发展态势

序号	申请人	专利数量/件	各阶段专利申请量占比/%			
			2003—2007年	2008—2012年	2013—2017年	2018—2022年
1	景旺电子科技（龙川）有限公司	405	0	9.38	47.65	42.96
2	河源职业技术学院	400	0.25	10.75	29.00	60.00
3	广东汉能薄膜太阳能有限公司	277	0	0	10.47	89.53
4	河源富马硬质合金股份有限公司	259	3.47	3.47	47.10	45.95
5	龙川纽恩泰新能源科技发展有限公司	252	0	0	47.62	52.38
6	谢文景	224	0	0	100.00	0
7	广东雅达电子股份有限公司	189	0	31.75	37.04	31.22
8	西可通信技术设备（河源）有限公司	185	7.03	7.03	68.11	17.84
9	铭镭激光智能装备（河源）有限公司	178	0	0	2.25	97.75
10	广东丰康生物科技有限公司	175	0	0	72.00	28.00

1.7　研发合作情况

河源市近20年各产业的专利研发合作情况见表1-6。可以看出，金属制品、机械和设备修理业的专利技术研发合作最多，共455件由多名申请人共同申请专利；其次为仪器仪表制造业、专用设备制造业、通用设备制造业，分别有386件、284件、247件，由多名申请人共同申请专利；其他产业的合作研发不超过200件。从合作研发申请人的数量来看，多数合作研发的专利技术为2位申请人合作研发，少部分为3位申请人合作研发，更少部分为4位申请人合作研发。

表 1-6 河源市近 20 年各产业专利技术研发合作情况

行业分类	合作申请专利数量/件	2 位申请人合作研发/件	3 位申请人合作研发/件	4 位申请人合作研发/件
金属制品、机械和设备修理业	455	363	64	28
仪器仪表制造业	386	303	64	19
通用设备制造业	247	210	28	9
专用设备制造业	284	211	36	37
机动车、电子产品和日用产品修理业	192	138	51	3
金属制品业	111	91	11	9
电气机械和器材制造业	117	102	13	2
计算机、通信和其他电子设备制造业	170	121	48	1
非金属矿物制品业	130	108	10	12
橡胶和塑料制品业	84	78	4	2

1.8 专利类型及有效性

图 1-3 为河源市近 20 年来所申请的专利类型及有效性情况，从中可以看出，河源市的专利以实用新型为主，实用新型专利占比超过 50%，其次为外观设计专利，发明专利的占比最低，因一般情况下 3 类专利中发明专利的技术水平相对较高，说明河源市的专利技术研发水平仍有待提高。从河源市各类型专利的申请态势可以看出，实用新型专利的申请呈迅速增长态势，外观设计专利的申请增长较为稳定，发明专利近年来有小幅度回落（因发明存在公开延迟，2022 年申请数据量不能反映真实情况；仅分析至 2021 年发明专利的申请数量，可以看出申请数量有小幅度回落）。

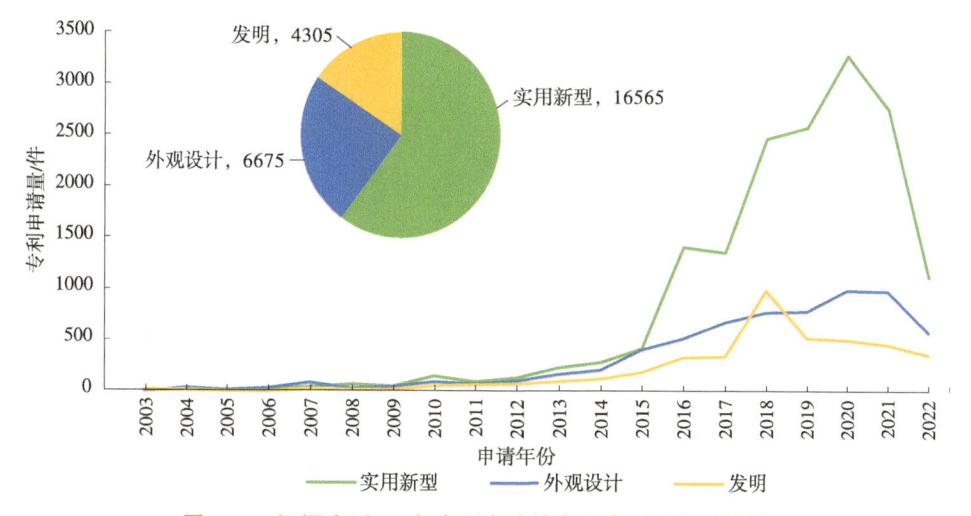

图 1-3 河源市近 20 年来所申请的专利类型及有效性情况

1.9 专利运营情况

河源市近 20 年来各产业的专利运营情况见表 1-7。从专利转让方面来看,金属制品、机械和设备修理业的专利转让最多,高达 625 件;其次为仪器仪表制造业,专利转让数量为 549 件;其余产业的专利转让数量均不超过 500 件。从专利许可方面来看,各产业的专利许可数量均不多,金属制品、机械和设备修理业,仪器仪表制造业,专用设备制造业,计算机、通信和其他电子设备制造业的专利许可数量分别为 15 件、12 件、12 件、11 件,其余产业的专利许可数量均不超过 10 件。这说明河源市的专利运营工作有待进一步加强。

表 1-7 河源市近 20 年来专利运营情况

行业分类	专利转让/件	行业分类	专利许可/件
金属制品、机械和设备修理业	625	金属制品、机械和设备修理业	15
仪器仪表制造业	549	仪器仪表制造业	12
通用设备制造业	442	专用设备制造业	12
专用设备制造业	422	计算机、通信和其他电子设备制造业	11
电气机械和器材制造业	295	通用设备制造业	9
计算机、通信和其他电子设备制造业	286	机动车、电子产品和日用产品修理业	9
机动车、电子产品和日用产品修理业	282	金属制品业	5
非金属矿物制品业	226	电气机械和器材制造业	5
金属制品业	204	非金属矿物制品业	2
橡胶和塑料制品业	165		

1.10 PCT 申请情况

对河源市近 20 年来各产业的 PCT 专利数量进行统计,并分成 4 个时间段(2003—2007 年、2008—2012 年、2013—2017 年、2018—2022 年)进行研究,分析其各阶段的专利申请量占比变化情况,从而揭示河源市各产业专利"走出去"的技术重点和技术热点。

表 1-8 为河源市近 20 年来各产业 PCT 专利申请情况,河源市 PCT 专利申请总体数量较少,主要集中在仪器仪表制造业,申请量为 28 件;其次为金属制品、机械和设备修理业,申请量为 22 件;其他产业的 PCT 申请量均不超过 20 件。从各时间段专利申请量占比情况来看,河源市各产业的 PCT 申请几乎都从近 10 年开始,且多数产业的 PCT 申请集中在近 5 年。其中,仪器仪表制造业及金属制品、机械和设备修理业不仅 PCT 申请量排名靠前,其近 5 年占比增幅也较大,为河源市专利"走出去"的技术热点。

表 1-8　河源市近 20 年来各产业 PCT 专利申请情况

行业分类	PCT 申请量/件	各阶段专利申请量占比/%			
		2003—2007 年	2008—2012 年	2013—2017 年	2018—2022 年
仪器仪表制造业	28	0.00	0.00	14.29	85.71
金属制品、机械和设备修理业	22	0.00	13.64	9.09	77.27
专用设备制造业	20	0.00	5.00	25.00	70.00
计算机、通信和其他电子设备制造业	18	0.00	0.00	22.22	77.78
电气机械和器材制造业	16	0.00	6.25	12.50	81.25
非金属矿物制品业	14	0.00	0.00	21.43	78.57
通用设备制造业	13	0.00	15.38	7.69	76.92
土木工程建筑业	7	0.00	0.00	14.29	85.71
机动车、电子产品和日用产品修理业	7	0.00	0.00	0.00	100.00
电力、热力生产和供应业	6	0.00	0.00	0.00	100.00
橡胶和塑料制品业	5	0.00	0.00	20.00	80.00
化学原料和化学制品制造业	4	0.00	0.00	25.00	75.00
铁路、船舶、航空航天和其他运输设备制造业	4	0.00	0.00	75.00	25.00
金属制品业	3	0.00	0.00	0.00	100.00
其他制造业	3	0.00	66.67	33.33	0.00
互联网和相关服务	3	0.00	0.00	0.00	100.00
软件和信息技术服务业	3	0.00	0.00	0.00	100.00
纺织业	2	0.00	0.00	100.00	0.00
木材加工和木、竹、藤、棕、草制品业	2	0.00	0.00	0.00	100.00
医药制造业	2	0.00	0.00	100.00	0.00

对河源市近 20 年来各企业的 PCT 专利申请数量进行统计，排名前 10 位的申请人如图 1-4 所示。可以看出，河源市各企业的 PCT 专利数量并不多。PCT 专利申请数量最多的企业为广东汉能薄膜太阳能有限公司，PCT 专利申请量为 11 件；精电（河源）显示技术有限公司、河源广工大协同创新研究院、华夏易能（广东）新能源科技

有限公司的PCT专利申请量均为3件；其余申请人的PCT专利申请量均不超过3件。

申请人	专利数量/件
广东汉能薄膜太阳能有限公司	11
精电（河源）显示技术有限公司	3
河源广工大协同创新研究院	3
华夏易能（广东）新能源科技有限公司	3
余元旗	2
深圳市新光里科技有限公司	2
新光里科技（河源）有限公司	2
陆宇皇金建材（河源）有限公司	2
河源市众拓光电科技有限公司	2
广东电网有限责任公司河源供电局	2

图 1-4　河源市近 20 年来 PCT 专利申请量排名前 10 位的申请人

1.11　上市企业情况分析

目前，河源市的上市企业有两家，为东瑞食品集团股份有限公司、广东雅达电子股份有限公司。从表 1-9 可以看出，东瑞食品于 2021 年在深圳证券交易所上市，其专利申请量共 29 件。其中，发明专利 5 件，实用新型专利 24 件，发明专利中有 2 件已经授权。雅达电子于 2023 年在北京证券交易所上市，其专利申请量共 192 件。其中，发明专利 70 件，实用新型专利 96 件，外观设计专利 26 件，发明专利中有 20 件已经授权。东瑞食品和雅达电子的专利均仅在中国布局，暂未有国际申请，专利国内外布局均有待进一步加强。

表 1-9　河源上市企业情况

企业	上市时间及上市证券交易所	涉及领域	专利申请量/件 发明	专利申请量/件 实用新型	专利申请量/件 外观设计	专利授权量/件 发明	专利授权量/件 实用新型	专利授权量/件 外观设计	专利布局地域
东瑞食品	2021 年深圳证券交易所	集饲料生产、生猪育种、种猪扩繁、商品猪饲养、活大猪供港及内地销售	5	24	0	2	24	0	中国
雅达电子	2023 年北京证券交易所	智能电力监控产品的研发、生产和销售以及电力监控系统集成服务	70	96	26	20	96	26	中国

第 2 章　河源市专利情况总结

通过调研与分析，对河源市专利情况总结如下：

1. 知识产权意识显著增强

2015 年至今，河源市各产业的专利申请量呈迅速增长态势，说明 2015 年之后各产业创新主体的知识产权意识显著增强。金属制品、机械和设备修理业，通用设备制造业，专用设备制造业和仪器仪表制品业在近 5 年的专利申请量占比增长迅速，都在 75% 以上。其他产业的专利申请量都集中在近 5 年，进一步说明近 5 年河源市各产业创新主体的知识产权意识显著增强。

2. 未形成产业集群

河源市各产业分布广泛，以金属制品、机械和设备修理业及仪器仪表制造业为主，其次为通用设备制造业。但大部分产业的技术集中度不高，排名前 10 位的申请人的专利数量占比均低于 25%，各产业尚未形成龙头企业，各产业的技术多分散在各中小企业，未形成明显的产业集群。

3. 技术研发水平有待提高

河源市近 20 年来的专利以实用新型为主，实用新型专利占比超过 50%，发明专利的占比最低。实用新型专利的申请呈迅速增长态势，外观设计专利的申请增长较为稳定，发明专利近年来有小幅度回落，说明河源市的专利技术水平仍有待提高。

4. 创新资源服务有待加强

河源市已经聚集了一批实力雄厚的企业，如广东汉能薄膜太阳能有限公司、景旺电子科技（龙川）有限公司、龙川纽恩泰新能源科技发展有限公司等，但目前在公共创新服务资源方面有所欠缺，应着力建设一批公共服务平台以提供创新研发的支持。同时，在企业培育方面，应加强孵化器等资源扶持，帮助企业发展。

5. 专利运营有待加强

河源市在专利转让方面，金属制品、机械和设备修理业的专利转让数量在 600 件以上，其余产业的专利转让数量均在 600 件以下；专利许可方面，仅有金属制品、机械和设备修理业及其他制造业有少量专利许可。目前专利运营初见成效，但技术转移数量并不多，且专利转让及许可多发生在广东省内，专利运营有待加强。

6. *海外专利布局有待加强*

河源市各产业的 PCT 专利申请整体数量较少，多数产业的 PCT 申请从近 10 年开始。海外专利布局有待加强，河源市企业应针对自身优势技术进行海外专利申请，为技术和产品"走出去"做好相应的知识产权保护。

在此基础上，选取河源市的河源富马硬质合金有限公司和铭镭激光智能装备（河源）有限公司两家企业，对其所在技术领域的专利情况进行分析，为其提供前沿技术参考。

第二部分

河源富马硬质合金有限公司

河源富马硬质合金有限公司属于国家级高新技术企业、广东省创新型企业、广东省战略性新兴产业骨干企业、广东省知识产权优势企业，是国内专业化的超小超薄硬质合金制品及其深加工制品生产厂家，建立有广东工业大学河源富马硬质合金股份有限公司博士后创新实践基地、广东省级企业技术中心、广东省硬质合金工程技术研究开发中心、广东省教育部产学研结合示范基地及"切削难加工金属材料专用刀具工程研究院"等高标准研发平台，通过了ISO9001国际质量体系、ISO14001环境体系认证和广东省清洁生产审核，"富马硬质合金"图形商标被认定为广东省著名商标，"富马硬质合金"产品被评为广东省名牌产品。

河源富马硬质合金有限公司现已形成高档圆锯片用硬质合金刀头、整体硬质合金圆片刀及硬质合金木工刀片三大主导产品系列，并建立了切削刀片、地矿产品、耐磨零件、拉拔模具及数控刀具等多条特色制品生产线，产品销售范围除覆盖国内主要省市外，还远销日韩、欧美、东南亚等30多个国家和地区。

通过本文第一部分第1章的"技术领先者"内容分析可以看出，河源富马硬质合金有限公司在硬质合金刀具领域拥有国内先进的技术，是河源地区知识产权"领头羊"企业之一。因此，选择河源富马硬质合金有限公司，对其主营业务所属的硬质合金刀具涂层领域进行专利分析，为其提供前沿技术参考，以促进其技术进一步发展。

第1章　硬质合金刀具涂层技术发展现状分析

1.1　硬质合金刀具涂层技术简介

硬质合金具有高硬度、高强度、高弹性模量、耐磨损和耐腐蚀的性能特点，该材料已经作为一种工具材料广泛应用于各类机械加工、矿山采掘等行业。随着工业技术的快速发展及市场对硬质合金刀具的需求不断增加，人们对硬质合金刀具的性能提出了更高的要求，随之发展起来的是硬质合金刀具的表面改性技术，即刀具涂层的制备工艺。刀具涂层制备工艺的发展能够有效地提升刀具多个方面的力学性能，例如，能够提升用于加工采掘刀具的使用寿命，能够提高刀具的机械加工效率，因此硬质合金刀具的性能很大程度上依赖涂层的制备工艺。

硬质合金的涂层技术是近30年来发展最为迅速的技术之一，不断成熟的涂层工艺使刀具行业进入一个崭新的时期。常见的硬质合金刀具如图1-1所示。经过几十年的探索研究，刀具涂层的制备工艺和技术方法都有了巨大的突破。到目前为止，老牌工业国家的涂层刀具占据我国刀具市场的80%以上，这些刀具一般用于高精度机械加工车床以及精密设备。刀具涂层制备工艺和多涂层组合工艺的多样化成为刀具再一次发展的新方向。

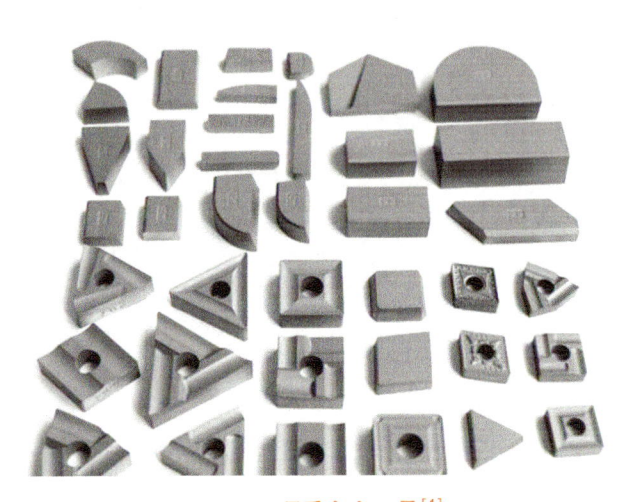

图1-1　硬质合金刀具[1]

1.2 硬质合金刀具涂层技术发展趋势

1.2.1 硬质合金刀具涂层材料的技术发展

刀具上的涂层通常不是由简单的单涂层组成，而是由多种涂层组成结构不同的组合，从而影响刀具的使用效果。按照涂层结构的发展过程，可以将涂层分为三种：单层涂层、梯度涂层、多层复合涂层。其中，多层复合涂层又包括纳米结构的复合涂层。

单层涂层是最早发展的一种涂层，仅由一种成分构成。多层复合涂层是在单层涂层的基础上发展而来的，由多种成分或结构各异的薄膜叠加而成，多种涂层之间的相互作用使得多层复合涂层的组织状况更优异，有助于抑制粗大晶粒产生。纳米结构的复合涂层是一种特殊的多层复合涂层，其各层薄膜颗粒的尺寸低至纳米级，从而带来高模量、高硬度的优点，并且在高温下仍能保持高硬度。梯度涂层的成分基本一致，但在沿着薄膜生长的方向，其组成涂层的组分逐步变化。根据变化情况不同，又分为多种化合物之间的变化和一种化合物中各元素比例的变化。

1.2.2 硬质合金刀具涂层制备方法的技术发展

除材料自身成分配比之外，材料的制备方法也影响材料性能。不同的制备方法能在涂层与基板的结合、涂层之间界面的结合、涂层的组织结构等方面影响材料的性能，从而影响其涂覆于刀具上之后带来的刀具的物理、化学、力学性能。常见的涂层材料制备工艺与常规的材料制备工艺相同，包括化学气相沉积（Chemical Vapor Deposition，CVD）、物理气相沉积（Physical Vapor Deposition，PVD）、溶胶—凝胶法（Sol—Gel）以及等离子体化学气相沉积（Plasma Chemical Vapor Deposition，PCVD）、离子辅助沉积（Ion Beam Assisted Deposition，IBAD）、中温化学气相沉积（Medium Temperature Chemical Vapor Deposition，MTCVD）等。[2] 其中，CVD 和 PVD 是目前应用最广泛的刀具涂层制备技术。

1.3 硬质合金刀具涂层各技术分支

根据硬质合金刀具涂层的材料、制备方法和设备，可以将硬质合金刀具涂层分为三个二级技术分支。其中，涂层材料分为单层涂层、复合涂层、多层涂层、梯度涂层和纳米涂层，制备方法分为化学气相沉积和物理气相沉积，物理气相沉积又分为阴极电弧离子镀和磁控溅射。表 1-1 展示了对硬质合金刀具涂层的技术分解，后文的分析将围绕该技术分解中的各技术分支进行。

表 1-1 硬质合金刀具涂层技术分解

一级技术	二级技术	三级技术	四级技术
硬质合金刀具涂层	涂层材料	单层涂层	
		复合涂层	
		多层涂层	
		梯度涂层	
		纳米涂层	
	制备方法	化学气相沉积	
		物理气相沉积	阴极电弧离子镀
			磁控溅射
	涂层设备		

1.4 检索基本情况概述

1.4.1 检索数据库介绍

本研究以国家知识产权局专利检索与服务系统、智慧芽商业数据库、incoPat 商业数据库和法国 Questel 商业数据库作为主要数据库，美国专利局数据库、欧洲专利局数据库作为补充数据库。

其中，incoPat 商业数据库收录了全球 170 个国家、组织和地区 1.8 亿余件专利信息。数据采购自各国知识产权官方和商业机构，全球专利信息每周更新 4 次。相关数据信息包含专利法律状态、专利诉讼信息、企业工商信息、运营信息、海关备案、通信标准、国防解密专利等信息。

1.4.2 检索策略制定

根据前文所述技术分解，对各技术分支进行中英文关键词扩展，得到技术检索要素，见表 1-2。

表 1-2 硬质合金刀具涂层技术检索要素

技术分支	中文关键词	英文关键词
涂层材料	涂层、被覆层、覆盖层、涂覆层、包覆层、刀具、刀片、切削刀、齿刀、铰刀、铣刀、切片刀、切削工具、切割工具	coating、cover film、cover layer、cutting tool、cutter

续表

技术分支	中文关键词	英文关键词
制备方法	涂层、被覆层、覆盖层、涂覆层、包覆层、刀具、刀片、切削刀、齿刀、铰刀、铣刀、切片刀、切削工具、切割工具、制备方法、制造方法、制备工艺、制造工艺、溅射、溅镀、蒸发、蒸镀、沉积、淀积	coating、cover film、cover layer、cutting tool、cutter、method、process、technology、PVD、Physical vapor deposition、CVD、chemical vapor deposition、deposit *、fabricat *、manufactur *、sputter *、evaporation
涂层设备	涂层、被覆层、覆盖层、涂覆层、包覆层、刀具、刀片、切削刀、齿刀、铰刀、铣刀、切片刀、切削工具、切割工具、设备、装置、腔体、腔室涂层机、镀膜机	coating、cover film、cover layer、cutting tool、cutter、equipment、device、apparatus、cavity、chamber

同时,在检索过程中引入刀具相关的分类号及合金涂层相关的分类号,分类号及其说明如下:

C23C 对金属材料的镀覆;用金属材料对材料的镀覆;

B23B 27/00 用于车床或镗床的刀具;

B23B 51/00 用于钻床的刀具;

B23C 5/00 铣刀;

B23C 7/00 可装到机床上的铣削装置,无论是否更换机床的运转部件;

B23D 刨削;插削;剪切;拉削;锯;锉削;刮削;其他类目不包括的用切除材料方式对金属加工的类似操作。

1.4.3 检索结果处理

根据上述检索式可得到初步的检索结果,然后需对所有数据进行清理、标引和筛选,具体内容如下:

1. 清理分析字段

申请人、申请人国籍、申请人类型、专利布局、授权专利、法律状态和多国申请等。

2. 数据标引

数据标引就是给经过数据清理和去噪的每一项专利申请赋予属性标签,以便于统计学上的分析研究。所述的"属性"可以是技术分解表中的类别,也可以是技术功效的类别,或者其他需要研究的项目的类别。当对每一项专利申请进行数据标引后,就可以方便地统计相应类别的专利申请量或者其他需要统计的分析项目。因此,数据标引在专利分析工作中具有很重要的地位。根据技术标引表对所检索的数据进行标引,包括:

1）人工标引课题组成员通过阅读专利文献来标注标引信息，在某些情况下可以批量标引与人工标引结合使用。根据本课题的技术分解，标引信息取类似国际分类号的字母+数字方式，例如A1、B2等，分别对应不同的技术分支。中文专利视数据总量选择标引数据量，应注意对标引总量作适当控制；全球专利针对重要申请人所申请的专利和3/5局（EP/US/JP）的专利进行标引。

2）批量标引对检索得到的原始数据通过使用相对严格的检索式直接大批量标注标引信息，在对全球数据检索的同时完成对全球数据的二级技术分类标引。

3. 数据筛选

通过 Excel 对数据进行筛选。本部分对检索得到的数据进行人工筛选，最终得到准确度较高的数据结果。

4. 重要专利筛选

分析重要专利是专利分析中一项十分重要的工作。筛选重要专利的原则主要包括被引频次、同族国家数、重要申请人/发明人的专利、专利有效性、纠纷/诉讼专利、技术路线关键节点等。考虑到实际操作中的问题，并结合本领域的技术特点，本部分选择被引频次、同族国家数、诉讼/运营/纠纷情况和技术路线关键节点作为判断重要专利的因素。

第 2 章　硬质合金刀具涂层专利宏观分析

本章从硬质合金刀具涂层的涂层材料、制备方法、涂层设备三个方向的专利申请趋势、申请人、地域分布、法律状态等多个维度，对硬质合金刀具涂层技术进行全面分析，以揭示硬质合金刀具涂层的专利申请态势。

截至 2022 年 12 月 31 日，硬质合金刀具涂层全球专利申请总量为 13952 件。其中，涂层材料、制备方法、涂层设备三个技术分支的全球专利申请量分别为 11252 件、5123 件、530 件。

产业内专利的分布现状在一定程度上反映了该领域所受到的关注度和风险分布状况，图 2-1 体现了硬质合金刀具涂层技术分支的专利分布情况。从图中可以看出，该技术领域的全球专利分布主要集中在涂层材料，占比高达 67%；其次为制备方法，占比为 30%；最后为涂层设备，占比为 3%。说明在硬质合金刀具涂层技术领域，研发热点集中在涂层材料本身，其次对于材料制备方法的关注度也比较高，而对于涂层设备的研究相对较少，这与涂层材料的研发突破点主要在于材料本身有关。而制造涂层材料的设备基本采用本领域常规的设备，技术发展成熟且大多已为公众所熟知，该技术创新之处并不多。

图 2-1　硬质合金刀具涂层专利的技术类型

2.1 硬质合金刀具涂层材料专利总体分析

2.1.1 硬质合金刀具涂层材料专利申请趋势分析

图 2-2 显示了硬质合金刀具涂层材料的全球专利申请态势。从中可以看出，硬质合金刀具涂层的研究起步很早，从 20 世纪 60 年代已经开始，但是此时的技术尚处于萌芽时期，专利年申请量从个位数逐渐增长到十几件乃至几十件，发展较为缓慢；直到 1990 年，硬质合金刀具涂层材料的专利年申请量才突破 100 件，随后进入快速发展期，在 2006 年达到顶峰，之后硬质合金刀具涂层技术的发展经历了一个低谷期，近年来又逐渐重现技术革新热度。可见，硬质合金刀具涂层技术曾经达到高峰后进入瓶颈期，随着又一创新技术的发展，硬质合金刀具涂层技术也迎来了新的突破，虽然未回归到巅峰之时的状态，但该技术仍然处于新的发展之中，存在创新发展潜力（由于 2021 年和 2022 年的专利申请未完全公开，部分专利数据还未被收录，因此暂不列入趋势分析的范畴。后文同）。

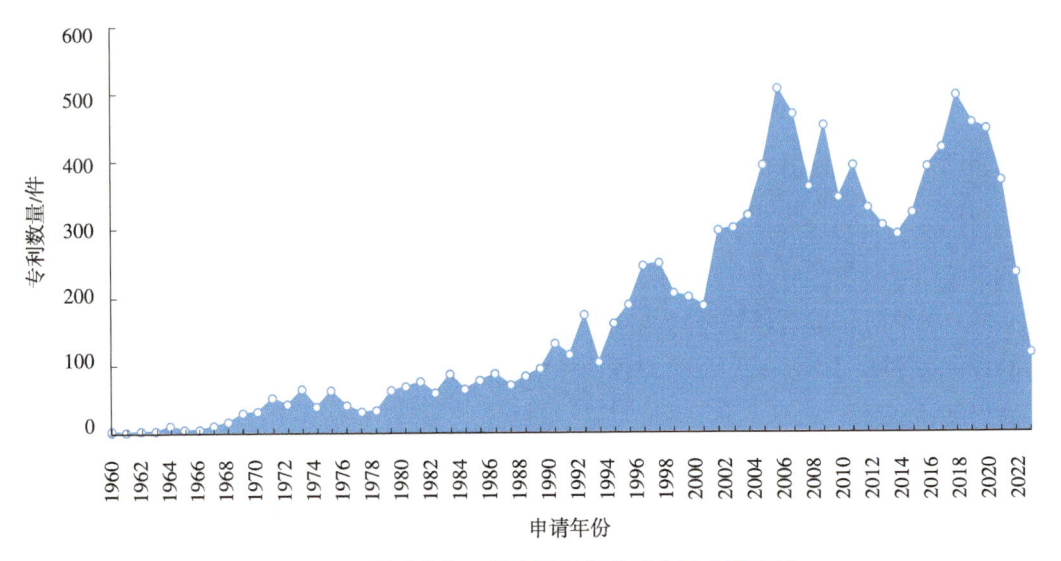

图 2-2　硬质合金刀具涂层材料全球专利申请态势

2.1.2 硬质合金刀具涂层材料专利地域分布

图 2-3 体现了硬质合金刀具涂层材料专利全球地域排名。从中可以看出硬质合金刀具涂层材料专利的全球发展情况及地域分布，排名前 3 位的国家分别为日本、中国、美国。其中日本的专利申请量超过了排名第 2~4 位的国家/地区之和，占据绝对优势地位；中国虽紧随其后，但申请量与日本差距很大，中国还有较大的追赶空间。

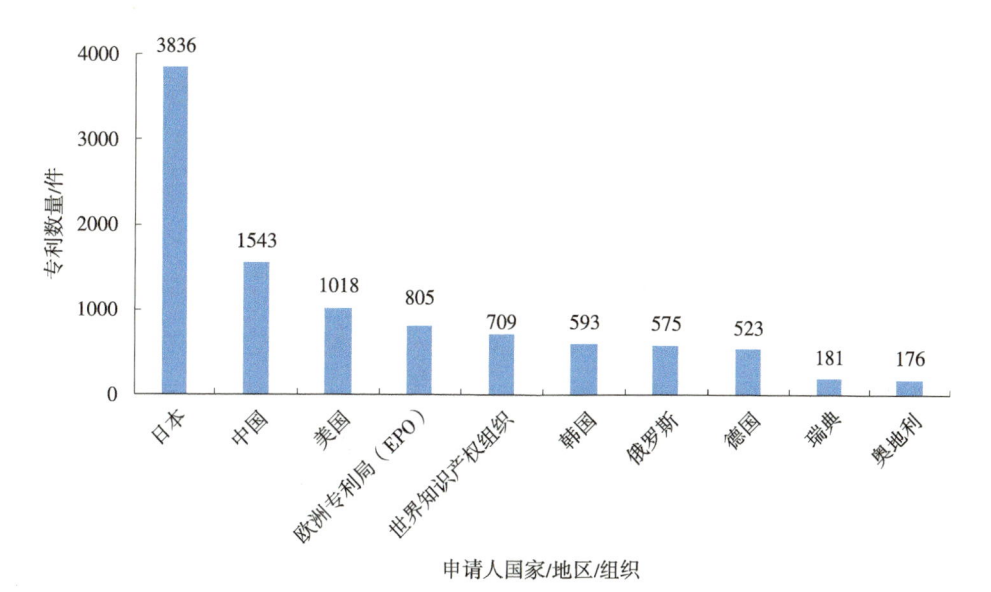

图 2-3 硬质合金刀具涂层材料专利的全球地域排名

图 2-4 显示了硬质合金刀具涂层材料专利的中国地域排名，呈现了我国重要省市在硬质合金刀具涂层材料领域的专利分布情况。可以看出，江苏和广东属于领先地区，分列前两席，并且两者的专利数量也是旗鼓相当；山东、湖南、上海也有一定的积累。不过，由于我国申请人在该领域的专利申请总量并不多，因此排名前列的省市其专利技术优势实际上也并不十分突出。

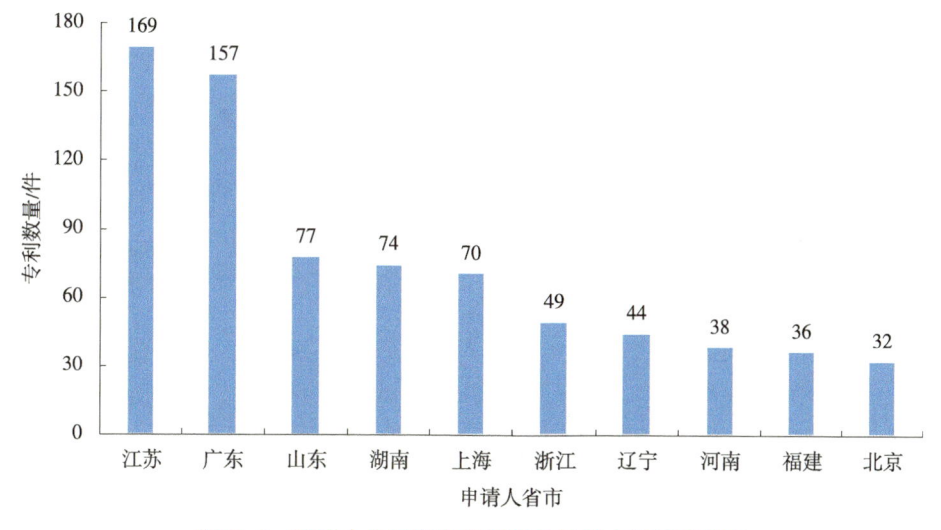

图 2-4 硬质合金刀具涂层材料专利的中国地域排名

2.1.3 硬质合金刀具涂层材料专利重点申请人

图 2-5 显示了硬质合金刀具涂层材料领域全球专利的申请人排名，图 2-6 显示了

硬质合金刀具涂层材料领域中国专利的申请人国别排名，图2-7显示了硬质合金刀具涂层材料领域中国专利的申请人排名。可以看到，日本在该领域的优势地位十分显著，无论是全球专利还是中国专利，排名前2位的申请人都是日本的三菱和住友；可见，日本公司不仅在全球范围内大力布局专利，同时十分重视在中国的专利保护，这一点从图2-6中也可以得到佐证，在中国申请专利的申请人所属国别中，第1名是中国，第2名就是日本。此外，在全球专利申请量排名前10位的申请人，也几乎都是来自日本的企业。再结合中国专利的前10位专利申请人，第1、2、4位都是来自日本的企业，来自瑞典的山特维克知识产权股份公司（山特维克旗下从事集团专利布局相关工作）、山高刀具分别排名第3位、第7位，来自中国的申请人以高校居多，国内的企业则少有上榜。

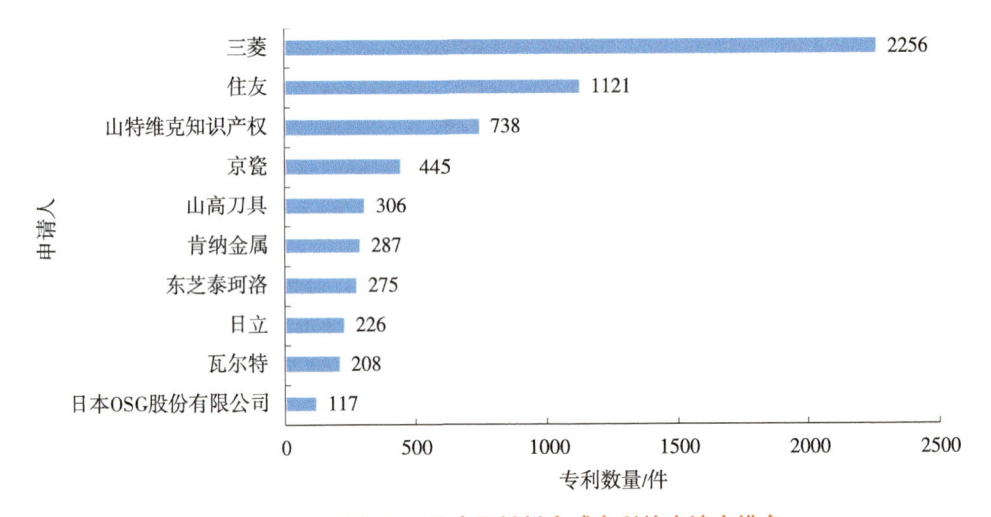

图2-5 硬质合金刀具涂层材料全球专利的申请人排名

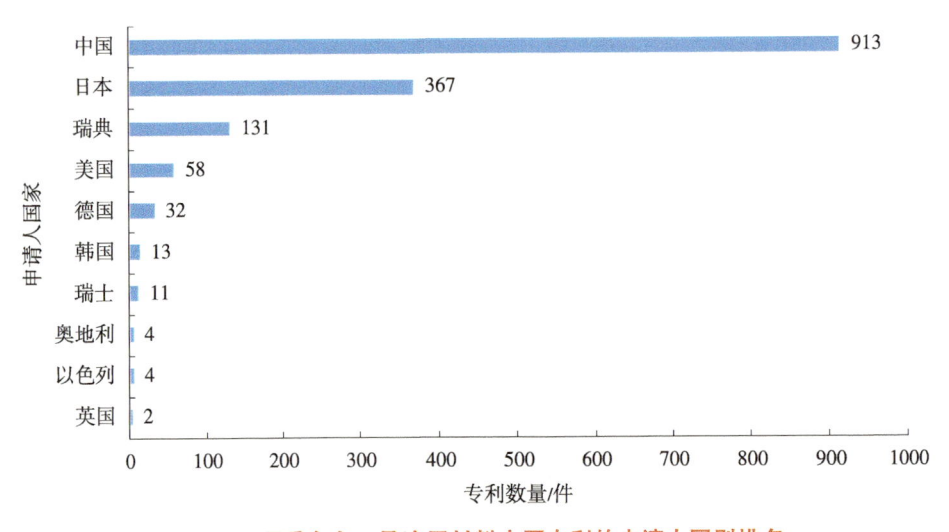

图2-6 硬质合金刀具涂层材料中国专利的申请人国别排名

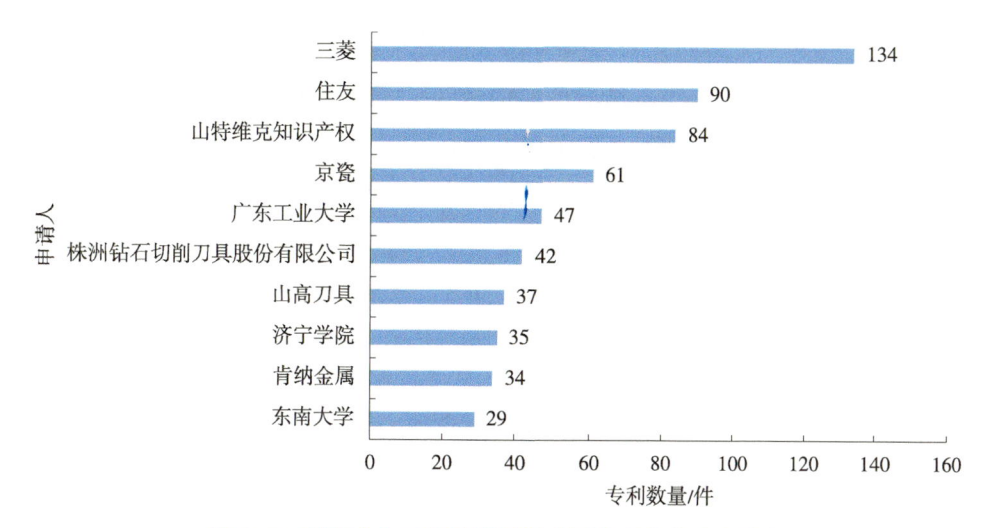

图2-7 硬质合金刀具涂层材料中国专利的申请人排名

图2-8显示了硬质合金刀具涂层材料专利的中国申请人类型。从专利申请人的类型可以看出该领域的产业研发情况，硬质合金刀具涂层材料专利的申请人以企业为主；结合图2-7对申请人进行分析，中国专利的重要申请人以高校院所为主，而未形成龙头企业，即重要专利技术在高校院所，虽然国内从事该领域的企业较多，研发意愿也比较强烈，但各企业的专利申请量都不多，技术分散。国内研究该领域的高校院所相对比较集中，广东工业大学、济宁学院、东南大学的申请量占据了我国高校院所的中国专利申请量的1/3。因此，可以鼓励企业与高校进行创新研发合作，依托高校的科研优势和企业的市场优势，共同提升我国在该技术领域的国际竞争力。

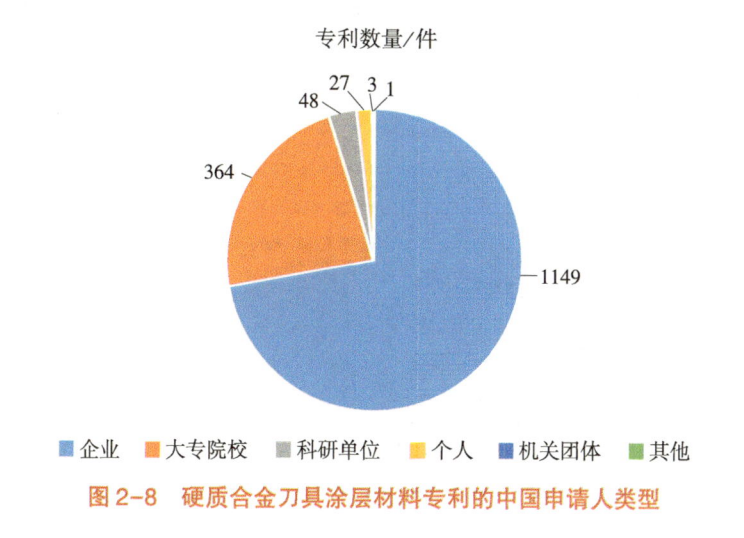

图2-8 硬质合金刀具涂层材料专利的中国申请人类型

2.1.4 硬质合金刀具涂层材料专利运维情况

图 2-9 体现了硬质合金刀具涂层材料中国专利法律状态，硬质合金刀具涂层材料领域的专利授权率尚可，但授权专利中因未缴年费、期限届满、放弃而丧失专利权的专利数量不在少数，说明专利权人对于维持专利有效性的意愿不够强烈，从侧面说明了该领域中国专利总体价值不高，专利质量处于中等水平，仍有进步空间。

图 2-9 硬质合金刀具涂层材料中国专利法律状态

图 2-10 显示了硬质合金刀具涂层材料中国专利转让情况。从中可以看出，济宁学院的专利转让数量较多。逐个查询图内涉及的专利转让的具体情况后发现，国内的高校企业进行专利转让的情况都是基于真实技术需求，可见该领域国内高校的专利技术产业化转化情况较好，并且国内的企业对于技术的需求也比较强烈。图中国外企业的专利转让则多发生在公司内部之间，例如从一家分公司转让至另一家分公司。

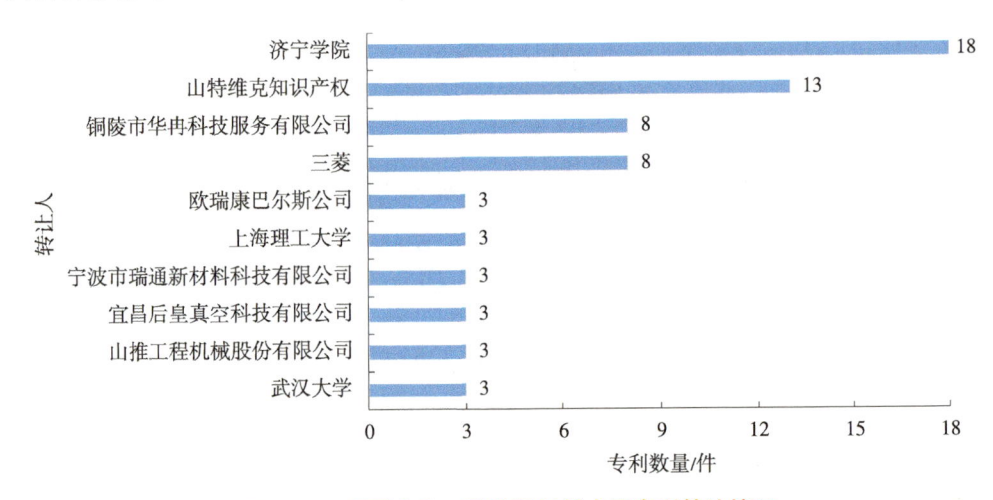

图 2-10 硬质合金刀具涂层材料中国专利转让情况

2.2 硬质合金刀具涂层制备方法专利总体分析

2.2.1 硬质合金刀具涂层制备方法专利申请趋势分析

图 2-11 体现了硬质合金刀具涂层制备方法的全球专利申请态势。从中可以看出，针对涂层制备方法的研究与针对涂层材料的研究进程基本保持同步，均经历了从缓慢的起步期到 2006 年前后的巅峰期，再到瓶颈期，到近年来新的发展期。事实上，对于涂层的研究来说，材料和制备方法一般都是同步进行，无法单独区分开的。因此，涂层材料的研究迎来新的发展方向，势必会促进制备方法同样迈上新的台阶。

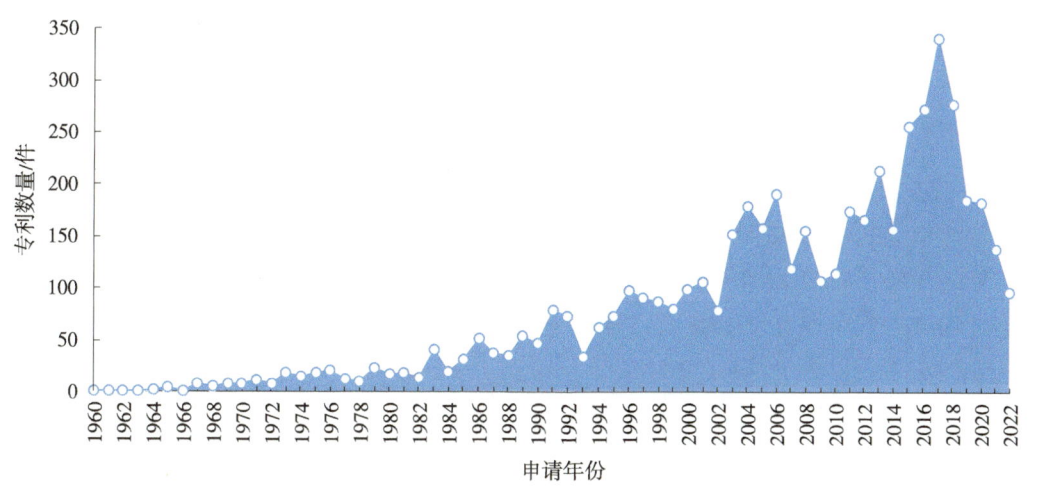

图 2-11 硬质合金刀具涂层制备方法的全球专利申请态势

2.2.2 硬质合金刀具涂层制备方法专利地域分布

图 2-12 显示了硬质合金刀具涂层制备方法专利的全球地域排名，从中可以看出硬质合金刀具涂层制备方法专利的热点地域分布。在制备方法上，中国的申请量超越日本成为第一，但仍需承认，其优势地位不如日本在涂层材料领域的优势地位显著。除中国和日本外，俄罗斯的申请量也较多，其他国家如美国、韩国等则相对较少。

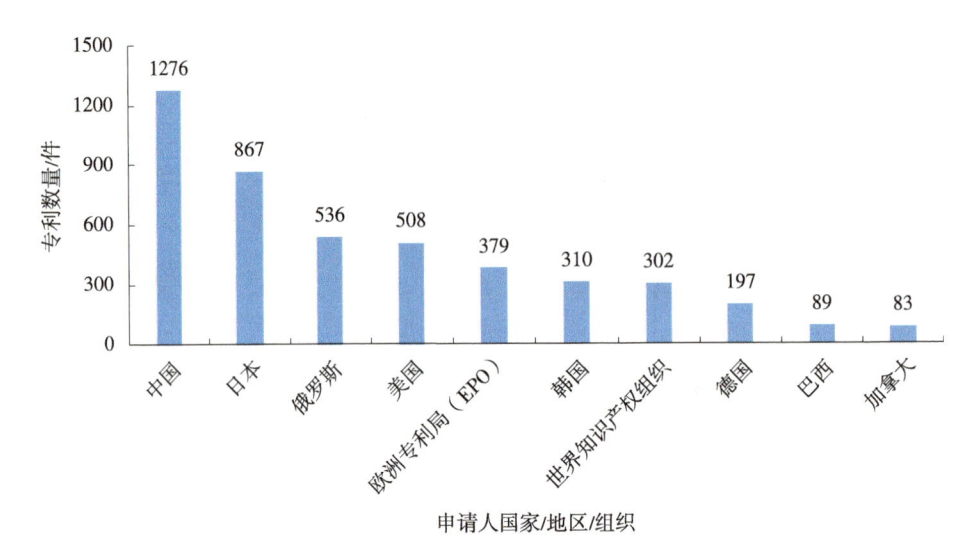

图 2-12　硬质合金刀具涂层制备方法专利的全球地域排名

图 2-13 显示了硬质合金刀具涂层制备方法专利的中国地域排名。从中可以看出我国重点省市在硬质合金刀具涂层制备方法领域的专利分布情况，热点地域仍然为江苏和广东，排名稍后的也仍然是上海、山东、湖南等省市，与涂层材料的专利分布基本吻合。略有不同的是，江苏相对广东在制备方法领域的专利申请量比涂层领域优势更大。

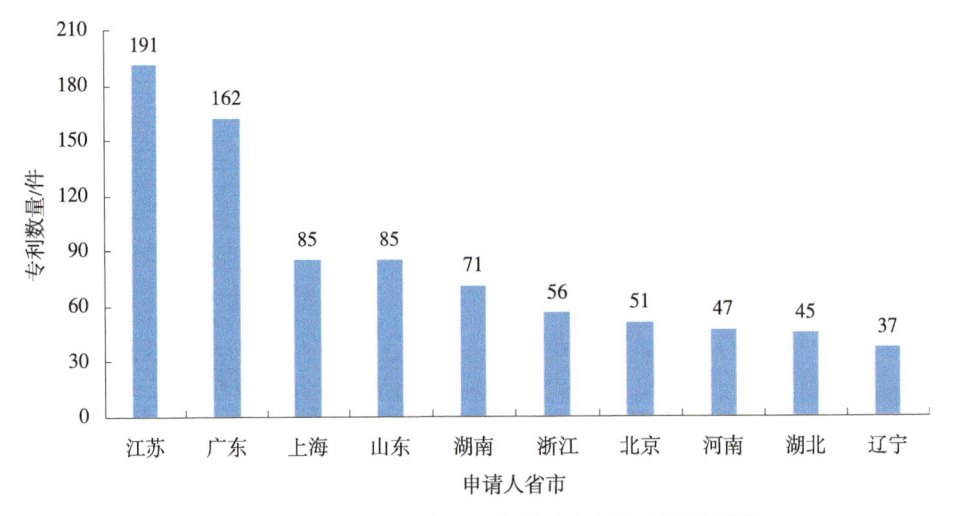

图 2-13　硬质合金刀具涂层制备方法专利的中国地域排名

2.2.3　硬质合金刀具涂层制备方法专利重点申请人

图 2-14 显示了硬质合金刀具涂层制备方法领域全球专利的申请人排名，图 2-15 显示了硬质合金刀具涂层制备方法领域中国专利的申请人国别排名，图 2-16 显示了硬

质合金刀具涂层制备方法领域中国专利的申请人排名。日本的三菱和住友依然位于该领域全球专利申请量的前列，但我国申请人也有广东工业大学进入了前10位。图2-15显示日本申请人在我国的专利布局也相对有限，虽然日本在中国专利的申请人国别排名中位居第2位，但其申请量与位居第一的中国已经存在较大差距；并且，在中国专利的申请人排名中，日本也只有住友、三菱分别排在第3位、第9位，此外除去瑞典的山特维克知识产权，其余榜上有名的申请人都是来自中国国内的高校和企业。

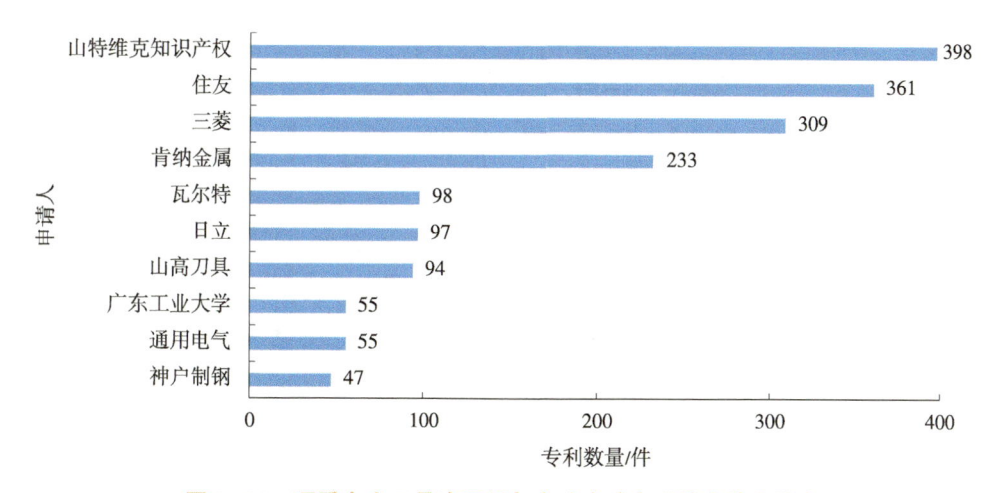

图2-14 硬质合金刀具涂层制备方法全球专利的申请人排名

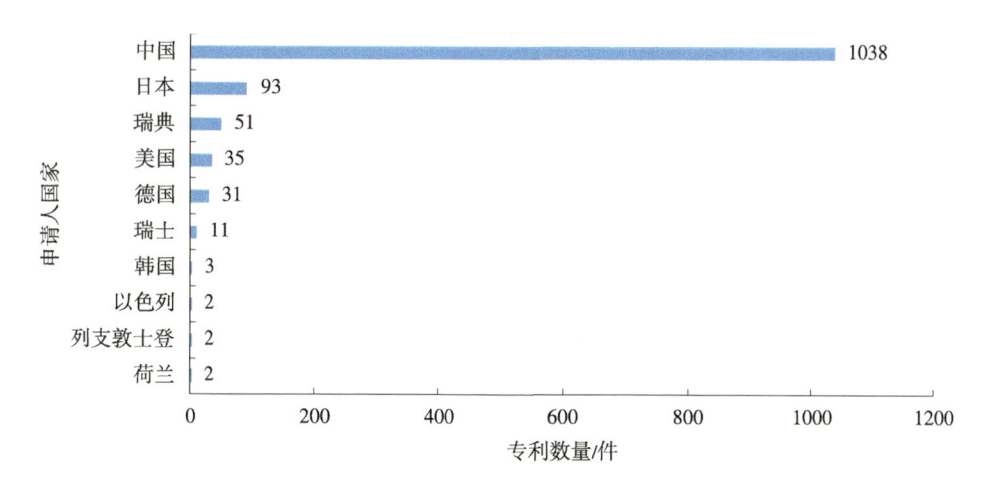

图2-15 硬质合金刀具涂层制备方法中国专利的申请人国别排名

图2-16 硬质合金刀具涂层制备方法中国专利的申请人排名

图2-17显示了硬质合金刀具涂层制备方法专利的中国申请人类型。从专利申请人的类型可以看出该领域的产业研发情况，硬质合金刀具涂层制备方法领域的申请人以企业和高校院所居多。结合图2-16所示的申请人排名分析也可以看出，高校院所在该领域的研究比较具备优势，企业可以借助高校的力量，共同构建产学研合作机制，以提升自身的技术水平和专利布局水平。

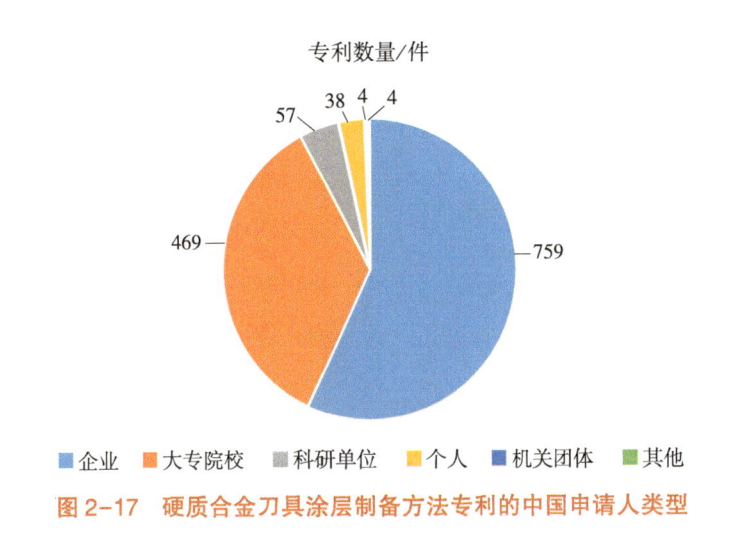

图2-17 硬质合金刀具涂层制备方法专利的中国申请人类型

2.2.4 硬质合金刀具涂层制备方法专利运维情况

图2-18显示了硬质合金刀具涂层制备方法领域中国专利法律状态。与涂层材料的专利情况类似，在制备方法领域也存在专利有效性维持意愿不高的现象，同样存在专利质量水平不够高的问题；并且，制备方法领域的专利授权量没有过半，进一步说明

了专利质量水平仍待提升。

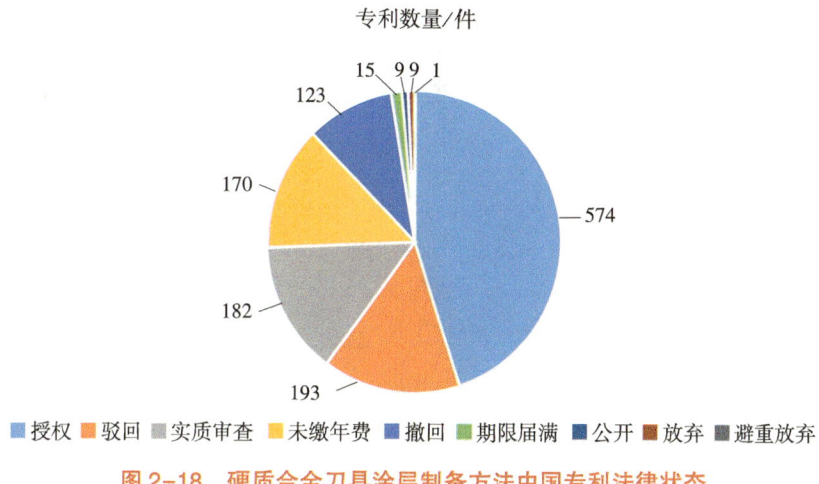

图中数据：授权 574、驳回 193、实质审查 182、未缴年费 170、撤回 123、期限届满 15、公开 9、放弃 9、避重放弃 1

图 2-18　硬质合金刀具涂层制备方法中国专利法律状态

图 2-19 显示了硬质合金刀具涂层制备方法中国专利转让情况。经查询，上述专利转让大多基于真实技术需求。从中可以看出，排名前 10 位的专利转让基本发生在国内高校院所、企业和个人，但除济宁学院的转让数量比较高之外，其他公司的专利转让数量仍不多，专利运营不够活跃。

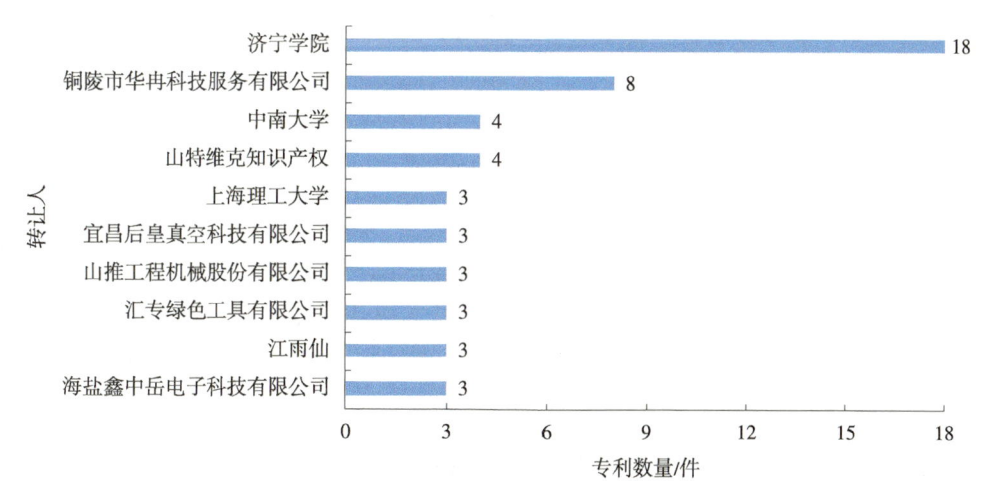

转让人数据：
- 济宁学院　18
- 铜陵市华冉科技服务有限公司　8
- 中南大学　4
- 山特维克知识产权　4
- 上海理工大学　3
- 宜昌后皇真空科技有限公司　3
- 山推工程机械股份有限公司　3
- 汇专绿色工具有限公司　3
- 江雨仙　3
- 海盐鑫中岳电子科技有限公司　3

图 2-19　硬质合金刀具涂层制备方法中国专利转让情况

2.3　硬质合金刀具涂层设备专利总体分析

2.3.1　硬质合金刀具涂层设备专利申请趋势分析

图 2-20 体现了硬质合金刀具涂层设备全球专利申请态势，硬质合金刀具涂层设

备相关专利数量相对较少，没有呈现明显的申请趋势变化，长期以来都在个位数徘徊。直到近年来随着硬质合金刀具涂层的材料及制备方法进入新的发展期，涂层设备才得到了一定的发展，并于 2019 年达到巅峰的 60 件。技术发展经过了最初的底层打基础之后，通常会逐渐分化为许多小分支，并逐渐向精细化发展。相信在硬质合金刀具涂层领域，目前申请量较少的制造设备会得到业内关注，成为一个新的研究方向。

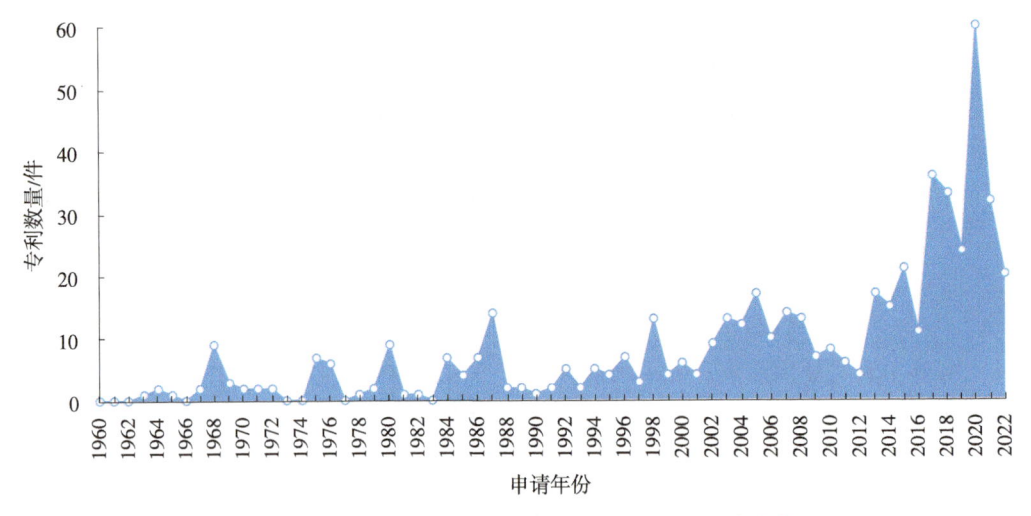

图 2-20 硬质合金刀具涂层设备全球专利申请态势

2.3.2 硬质合金刀具涂层设备专利地域分布

图 2-21 显示了硬质合金刀具涂层设备专利的全球地域排名。可以看出，中国在该领域处于领先地位，专利申请量是第 2 名日本的近 3 倍。中国在硬质合金刀具涂层领域起步晚，在基础的、核心的技术已经被技术先进国家所掌握的情况下，从相对外围的制造方法、制造设备着手实现"弯道超车"不失为一种可取的策略。此外，综合对硬质合金刀具涂层材料、制备方法、涂层设备的分析不难看出，该技术领域主要的竞争发生在中国与日本之间，其他国家在这三个技术分支的专利申请量都不多，从侧面说明了硬质合金刀具涂层领域技术主要由日本和中国占据，其他国家在这个技术领域的专利布局热情不大。

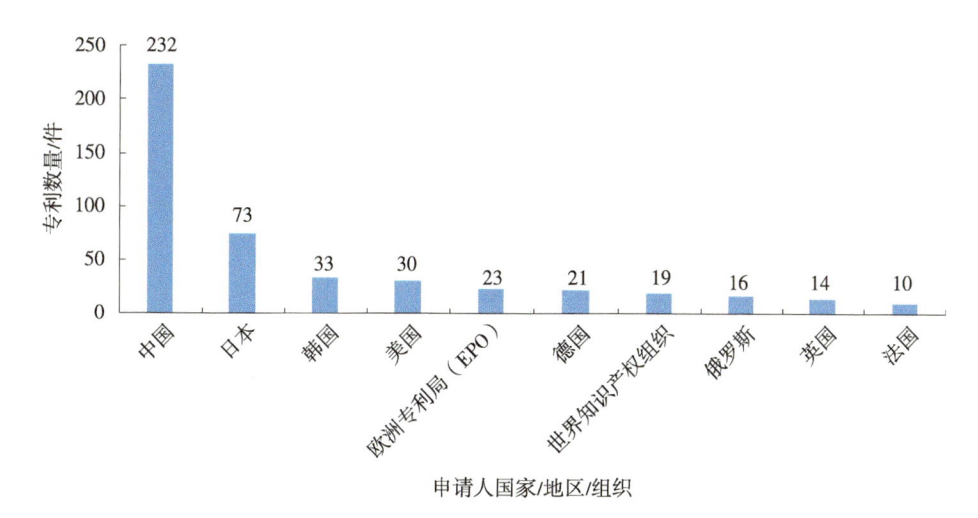

图 2-21　硬质合金刀具涂层设备专利的全球地域排名

图 2-22 显示了硬质合金刀具涂层设备专利的中国地域排名。与涂层材料、制备方法的专利情况类似，我国国内的申请人主要集中在江苏和广东。

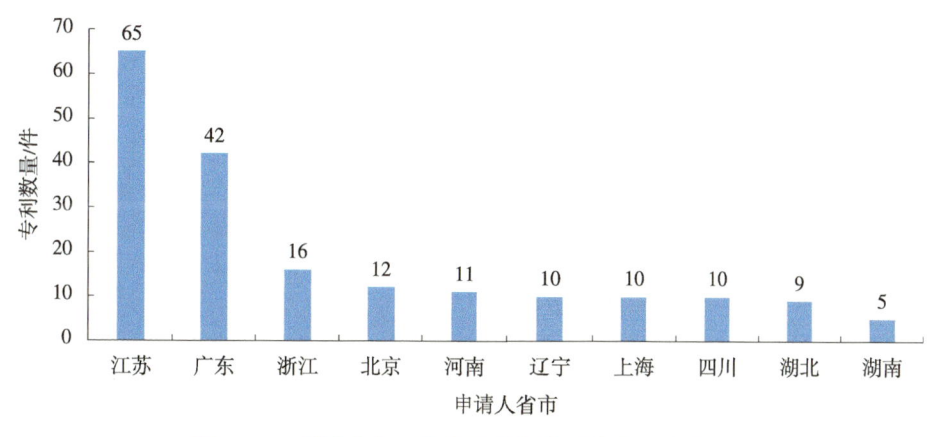

图 2-22　硬质合金刀具涂层设备专利的中国地域排名

2.3.3　硬质合金刀具涂层设备重点申请人

图 2-23 显示了硬质合金刀具涂层设备领域全球专利的申请人排名，图 2-24 显示了硬质合金刀具涂层设备领域中国专利的申请人国别排名，图 2-25 显示了硬质合金刀具涂层设备领域中国专利的申请人排名。可以看出，中国的多家企业在全球的专利申请人排行榜中进入了前 10 位，中国专利的前 10 位重要申请人则几乎完全被中国企业占据，国外申请人在中国进行该领域的专利布局也不多。虽然各家企业的申请量都不多，但也能从一定程度上说明中国的申请人在该领域是具备一定竞争力的，应该继续保持创新优势。

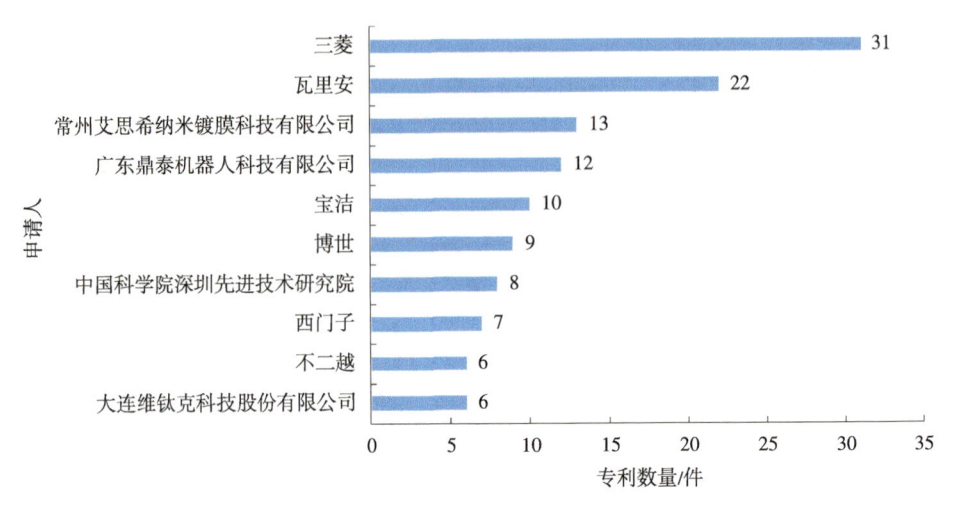

图 2-23 硬质合金刀具涂层设备全球专利的申请人排名

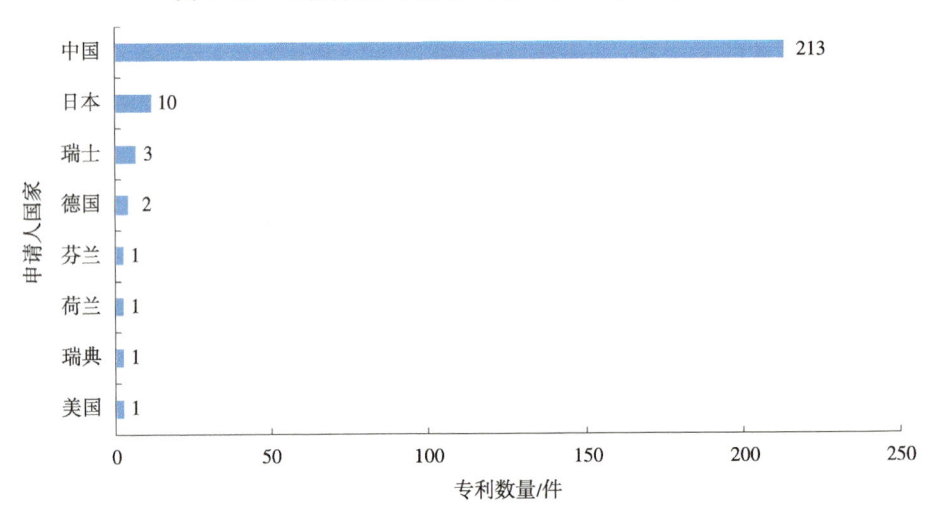

申请人	专利数量/件
三菱	31
瓦里安	22
常州艾思希纳米镀膜科技有限公司	13
广东鼎泰机器人科技有限公司	12
宝洁	10
博世	9
中国科学院深圳先进技术研究院	8
西门子	7
不二越	6
大连维钛克科技股份有限公司	6

图 2-24 硬质合金刀具涂层设备中国专利的申请人国别排名

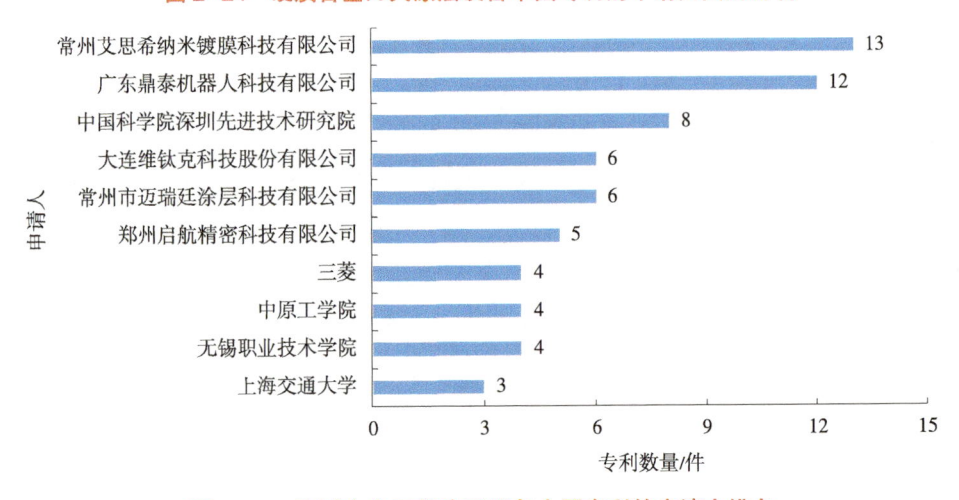

申请人国家	专利数量/件
中国	213
日本	10
瑞士	3
德国	2
芬兰	1
荷兰	1
瑞典	1
美国	1

图 2-25 硬质合金刀具涂层设备中国专利的申请人排名

申请人	专利数量/件
常州艾思希纳米镀膜科技有限公司	13
广东鼎泰机器人科技有限公司	12
中国科学院深圳先进技术研究院	8
大连维钛克科技股份有限公司	6
常州市迈瑞廷涂层科技有限公司	6
郑州启航精密科技有限公司	5
三菱	4
中原工学院	4
无锡职业技术学院	4
上海交通大学	3

图 2-26 显示了硬质合金刀具涂层设备专利的中国申请人类型。涂层设备属于实用性、产业性的技术，因此企业的申请量比较多。高校院所一般关注前沿性、探索性的基础科学研究，对于涂层设备的关注程度相对不高。

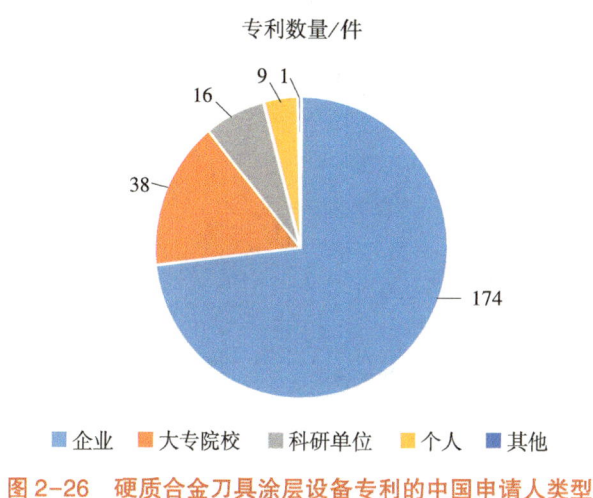

专利数量/件

174　38　16　9　1

■企业　■大专院校　■科研单位　■个人　■其他

图 2-26　硬质合金刀具涂层设备专利的中国申请人类型

2.3.4　硬质合金刀具涂层设备专利运维情况

图 2-27 显示了硬质合金刀具涂层设备中国专利法律状态，相对于涂层材料、制备方法来说，涂层设备领域的专利申请量虽然较少，但申请人放弃专利权的发生数量也比较少，专利权有效性的维持意愿相对不错。此外，专利的驳回数量也比较少，授权率比较高，反映出专利质量水平相对也较高。

专利数量/件

131　38　36　12　8　6　1

■授权　■实质审查　■未缴年费　■撤回　■驳回　■期限届满　■避重放弃

图 2-27　硬质合金刀具涂层设备中国专利法律状态

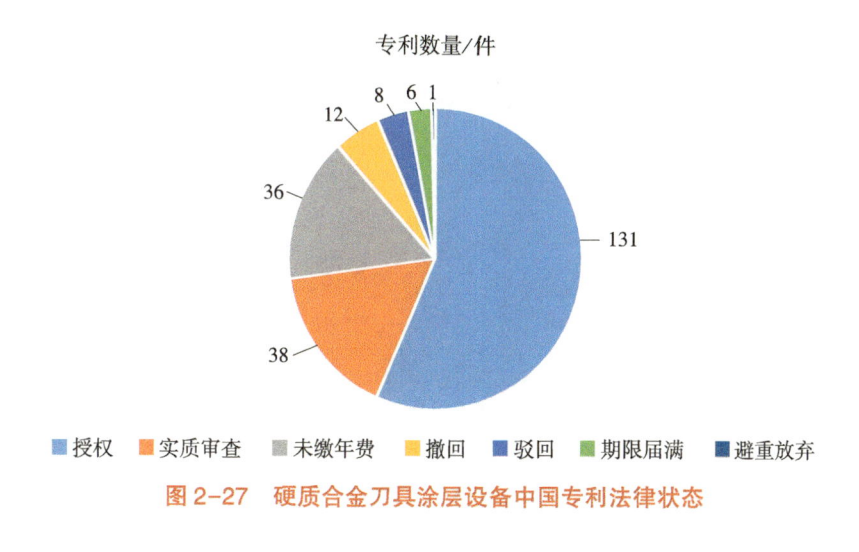

图 2-28 显示了硬质合金刀具涂层设备中国专利转让情况。从中可以看出，专利转

让的数量是比较少的。经查询，排名第一的大连维钛克科技股份有限公司的转让大多为内部关联企业之间的转让，实际转让需求意思不明朗。该技术领域的专利量本身较少，有效转让数量更少，专利运营程度总体较低。

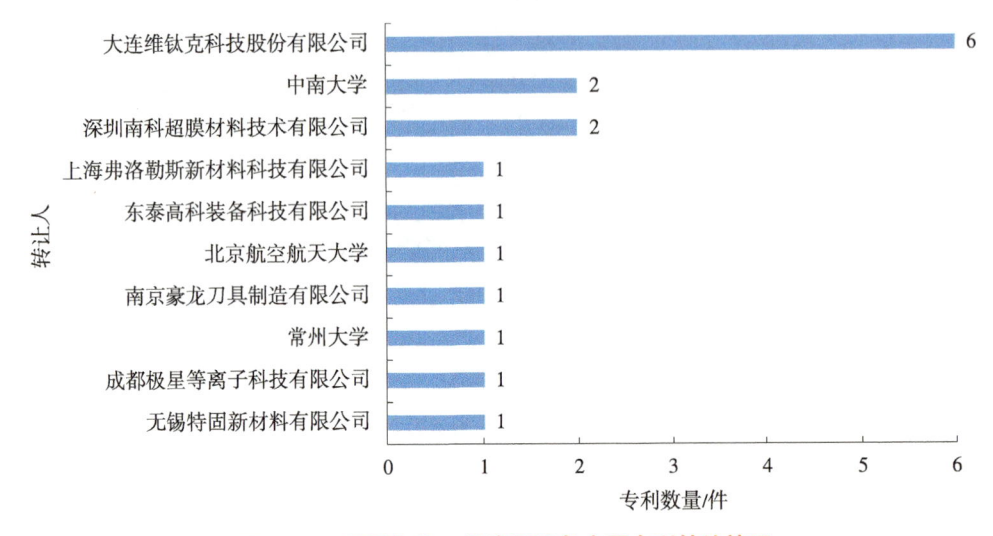

转让人	专利数量/件
大连维钛克科技股份有限公司	6
中南大学	2
深圳南科超膜材料技术有限公司	2
上海弗洛勒斯新材料科技有限公司	1
东泰高科装备科技有限公司	1
北京航空航天大学	1
南京豪龙刀具制造有限公司	1
常州大学	1
成都极星等离子科技有限公司	1
无锡特固新材料有限公司	1

图 2-28　硬质合金刀具涂层设备中国专利转让情况

第 3 章　硬质合金刀具涂层的最新研究进展

本章从涂层材料、制备方法、涂层设备 3 个方面分别筛选近 5 年的重点专利，对重点专利进行标引，分析重点专利的技术分布、技术功效、技术发展。同时，对重点技术进行详细列举。

3.1 硬质合金刀具涂层材料的最新研究进展

3.1.1 主要申请人的前沿技术研究概况

对硬质合金刀具涂层材料近 5 年的专利情况进行分析，合并 inpadoc 同族后，排名前 10 位的申请人中有 3 位为中国高校，其余均为国外申请人。排名前 2 位的专利申请人的专利数量较多，说明硬质合金刀具涂层材料领域的技术集中度较高，核心技术掌握在重点申请人手中。因此，选取专利申请量排名前 5 位的申请人在近 5 年申请的专利，同时结合专利被引用次数、专利同族数量，筛选出近 5 年的重点专利，进行硬质合金刀具涂层材料的前沿技术分析。

3.1.2 重点专利的技术分类

对选取的前沿技术专利进行技术分类标引，对各前沿技术专利的材料种类、涂层种类、技术类型进行标引，分析硬质合金刀具涂层材料的前沿技术分布。

硬质合金刀具涂层材料专利的材料种类如图 3-1 所示，硬质合金刀具涂层材料专利的涂层种类如图 3-2 所示，硬质合金刀具涂层材料专利的技术类型如图 3-3 所示。可以看出，硬质合金刀具涂层材料近 5 年的前沿技术中，材料种类主要以 TiAl 合金、Ti 合金、Al 合金、氧化铝（Al_2O_3）为主，金刚石及其他材料涉及不多；涂层种类主要以单层涂层和多层涂层为主，交替叠层和梯度渐变的涂层较少。在近 5 年的前沿技术中，硬质合金刀具涂层材料主要从材料种类、各层之间的参数性质、晶体结构方面进行改进。

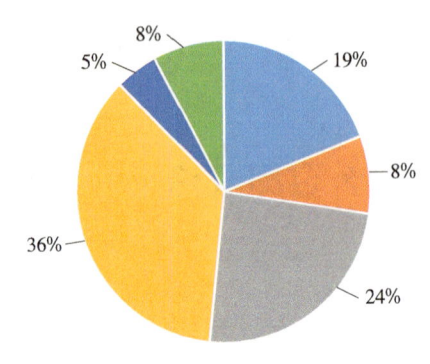

图 3-1　硬质合金刀具涂层材料专利的材料种类

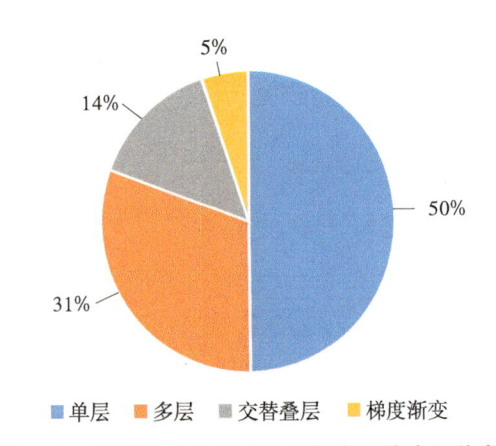

图 3-2　硬质合金刀具涂层材料专利的涂层种类

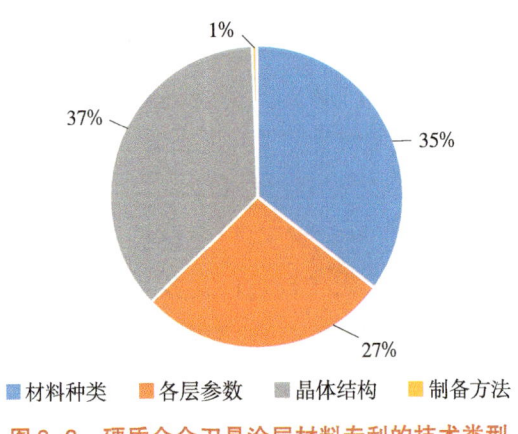

图 3-3　硬质合金刀具涂层材料专利的技术类型

硬质合金刀具涂层材料的改进主要集中于涂层种类及材料种类，分析研究从涂层种类和材料种类方向的技术改进产生的技术功效。硬质合金刀具涂层材料专利的涂层种类功效分析如图 3-4 所示，硬质合金刀具涂层材料专利的材料种类功效分析如图 3-5 所示。

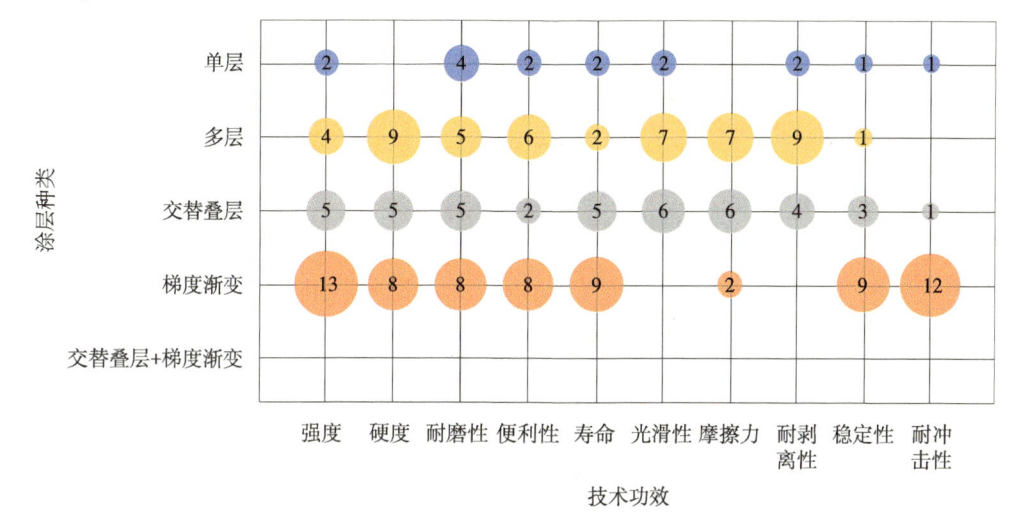

图 3-4　硬质合金刀具涂层材料专利的涂层种类功效分析

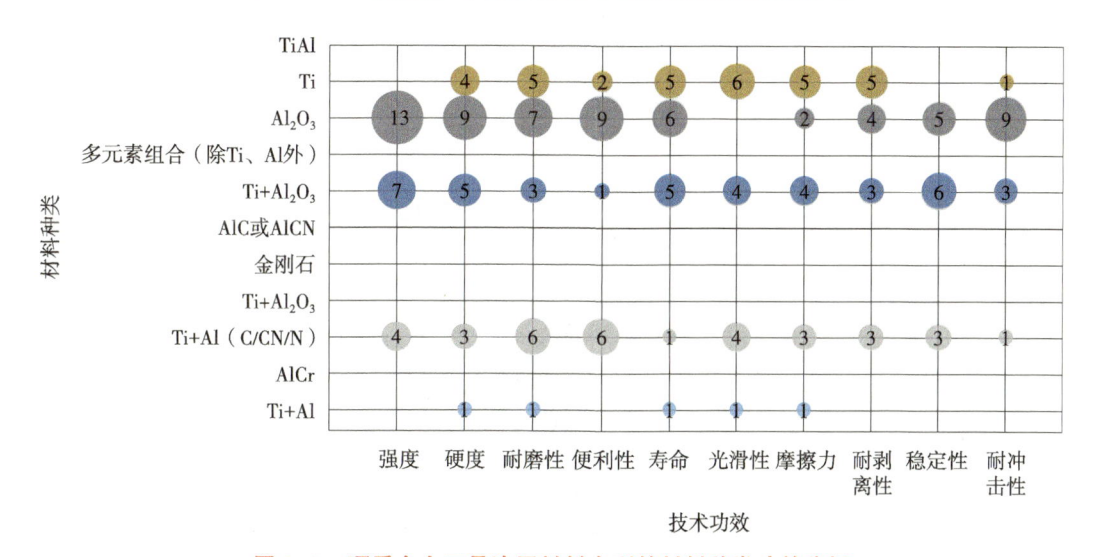

图 3-5　硬质合金刀具涂层材料专利的材料种类功效分析

通过对涂层种类进行改进，可以提高硬质合金刀具的性能。可以看出，采用梯度渐变涂层的硬质合金刀具具有良好的硬度、耐磨性、寿命、稳定性和耐冲击性；采用交替叠层对硬质合金刀具的各性能均有提高，如硬度、耐磨性、寿命、稳定性、光滑性、摩擦力、耐冲击性；采用多层涂层对硬质合金刀具的性能提高也具有良好的效果；而采用单层涂层的硬质合金刀具获得的性能较少。

采用不同的涂层材料种类对硬质合金刀具涂层的性能也具有较大的影响。采用 Al_2O_3、$Ti+Al_2O_3$、$Ti+Al$（C/CN/N）制得的硬质合金刀具具有良好的硬度、耐磨性、寿命、稳定性、光滑性、摩擦力、耐冲击性；而采用金刚石、AlCr制得的硬质合金刀具对性能提高的影响不大。

3.1.3 硬质合金刀具涂层材料前沿技术

在近5年的前沿技术中，硬质合金刀具涂层材料主要从材料种类、各层之间的参数性质、晶体结构方面进行改进。下面从材料种类、各层之间的参数性质、晶体结构3个方面分别具体列举前沿技术。

1. 材料种类

（1）TiAl合金

对硬质合金刀具涂层材料中使用TiAl合金的专利进一步分析，重要相关专利中所揭示的主要手段见表3-1。

表3-1　TiAl合金刀具图层前沿技术相关专利

公开号	申请人	技术手段	技术效果
JP2018149659A	MITSUBISHI MATERIALS CORP.	在衬底上形成的硬质薄膜表面的刀具，具有（$Al_{1-\alpha-\beta}Ti_\alpha Re_\beta$）的复合氮化物层（$0.05 \leq \alpha \leq 0.75$，$0.001 \leq \beta \leq 0.100$）	优异的耐热性和耐磨性涂层
JP2019098501A	MITSUBISHI MATERIALS CORP.	将由纳米颗粒组成的a层和b层交替地层叠到由c层、d层形成的下层上，a层包括（$Ti_{1-x}Al_x$）n层，b层包括（$Ti_{1-y}Al_y$）n层，c层包括（$Ti_{1-\alpha}Al_\alpha M_\gamma$）n层，d层包括（$Ti_{1-\beta-\gamma}Al_\beta M_\gamma$）n层	优异的硬质涂层抗剥离性
JP2019115957A	MITSUBISHI MATERIALS CORP.	提供平均层厚为1.0~20.0μm的TiAl复合氮化物层，其具有NaCl型面心立方结构晶粒，化合物的表达式为（$Ti_{1-x}Al_x$）（$C_{1-y}N_y$），其中，$0.65 \leq x \leq 0.95$，$0.995 < y \leq 1.000$，α为Cl含量，$0.001 \leq \alpha \leq 0.020$，$\beta$为S含量，$0.002 \leq \beta \leq 0.050$，$\beta/\alpha \geq 2.0$	优异耐磨性
JP2019217579A	MITSUBISHI MATERIALS CORP.	在表面被覆切削刀具上提供符碳-氮氧化物层，其具有3.0~20.0μm的平均层厚并且包括具有NaCl型面心立方结构的晶粒，组合物配方：（$Ti_{1-x}Al_x$）（$C_yN_{1-y-z}O_z$）满足$0.60 \leq x \leq 0.95$、$0.010 \leq y \leq 0.100$、$0.060 \leq z \leq 0.120$的关系。在复合碳-氮氧化物层中，氧化铝微粒以平均1%~20%的面积存在	优异的抗碎裂性

续表

公开号	申请人	技术手段	技术效果
CN105925941A	济宁学院	TiAlCrN+MoS$_2$/Ti/Al/Cr 组合润滑涂层刀具,刀具基体材料为高速钢或硬质合金,其特征在于,刀具表面为 MoS$_2$/Ti/Al/Cr 润滑涂层,MoS$_2$/Ti/Al/Cr 润滑涂层与 TiAlCrN 硬质涂层之间有 Ti/Al/Cr 过渡层,TiAlCrN 硬质涂层和刀具基体之间依次有 Ti/Al/Cr 过渡层和 Ti 过渡层	较高的硬度,润滑作用和较低的摩擦系数,显著改善和提高涂层刀具的切削性能
JP2018051748A	MITSUBISHI HITACHI TOOL ENGINEERING LTD.	切割刃具有前刀面和后刀面,在切割刃最薄的部分形成氮化铝陶瓷基板上形成钛膜的被覆层,氮化铝钛涂层为($Ti_{x1}Al_{y1}$)N_{z1}($0.26 \leq x1 \leq 0.4, 0.1 \leq y1 \leq 0.24$,且 $x1+y1+z1=1$),在远离最薄部分的面基后隙部的氮化铝钛涂层为($Ti_{x2}Al_{y2}$)N_{z2}($0.06 \leq x2 \leq 0.23, 0.25 \leq y2 \leq 0.45$,且 $x2+y2+z2=1$)	优异的耐热性和高碎裂抗性
JP2019005867A	MITSUBISHI MATERIALS CORP.	硬涂层,至少含有 TiAlBCN 的层,组成式:($Ti_{1-x-y}Al_xB_y$)(C_zN_{1-z}),其中,$0.60 \leq x$,$0.001 \leq y \leq 0.10$,满足 $x+y \leq 0.95$,$0 \leq z \leq 0.005$,TiAlBCN 层具有 NaCl 型面心立方结构的晶粒,包含 0.01%～5.0% 面积的六角结构氮化硼	优异的抗碎裂性

(2) Ti 合金

对硬质合金刀具涂层材料中使用 Ti 合金的专利进一步分析,重要相关专利中所揭示的主要手段见表 3-2。

表 3-2 Ti 合金刀具涂层前沿技术相关专利

公开号	申请人	技术手段	技术效果
CN105861995A	济宁学院	ZrTiNMoS$_2$/Ti/Zr 叠层涂层刀具,刀具基体材料为高速钢、硬质合金、立方氮化硼或金刚石,刀具表面为 MoS$_2$/Ti/Zr 润滑涂层,且由基体到涂层表面依次为 Ti 过渡层、Ti/Zr 过渡层、ZrTiN 硬质涂层和 MoS$_2$/Ti/Zr 润滑涂层交替的叠层复合结构	既可保持涂层较高的硬度,又可降低涂层的摩擦系数

续表

公开号	申请人	技术手段	技术效果
CN105861997A	济宁学院	TiCrN/MoS₂多元减摩润滑涂层刀具,刀具基体材料为高速钢、硬质合金、陶瓷、金刚石或立方氮化硼,涂层为多层结构,由基体到涂层表面依次为:Ti过渡层、Ti/Cr过渡层、TiCrN和MoS₂的复合涂层	较高的硬度,润滑作用
CN105887023A	济宁学院	TiCrN+MoS₂/Cr/Ti组合润滑涂层刀具,刀具基体材料为高速钢、硬质合金、陶瓷或立方氮化硼,其特征在于,由基体到涂层表面依次为:Ti过渡层、Cr/Ti过渡层、TiCrN硬质涂层、Cr/Ti过渡层、MoS₂/Cr/Ti润滑涂层	较高的硬度、润滑作用和较低的摩擦系数
CN106086787A	济宁学院	Ti-TiN+MoS₂/Ti叠层复合涂层刀具,刀具基体材料为硬质合金或高速钢,其特征在于,刀具表面为MoS₂/Ti润滑涂层,且由基体到涂层表面依次为:Ti过渡层、TiN硬质涂层和MoS₂/Ti润滑涂层交替的叠层结构	良好的减摩润滑性,延长润滑涂层的使用周期
CN107119276A	济宁学院	TiMoC/TiMoCN叠层涂层刀具,其特征在于:刀具基体最外层为TiMoCN涂层,刀具基体与TiMoCN涂层间有Ti过渡层,TiMoCN涂层与Ti过渡层之间为TiMoC涂层与TiMoCN涂层交替的复合叠层结构	通过叠层之间的界面可减缓涂层裂纹扩展
WO2017090765A1	KYOCERA CORPORATION	覆盖层包括上层、中间层和下层。中间层又包括三层,第一层含有 $TiC_{x1}N_{y1}O_{z1}$ ($0 \leq x1 < 1$, $0 \leq y1 < 1$, 且 $x1+y1+z1=1$),第二层含有 $TiC_{x2}N_{y2}O_{z2}$ ($0 \leq x2 < 1$, $0 \leq y2 < 1$, $0 < z2 < 1$, 且 $x2+y2+z2=1$),第三层含有 $TiC_{x3}N_{y3}O_{z3}$ ($0 \leq x3 < 1$, $0 \leq y3 < 1$, $0 \leq z3 < 1$, 且 $x3+y3+z3=1$),第三层位于第一层和第二层之间,且 $z1 > z3$, $z2 > z3$	改善涂层的耐磨损性以及耐缺损性

(3) Al合金

对硬质合金刀具涂层材料中使用Al合金的专利进一步分析,重要相关专利中所揭示的主要手段见表3-3。

表 3-3 Al 合金刀具涂层前沿技术相关专利

公开号	申请人	技术手段	技术效果
CN107400864A	济宁学院	AlMoC/AlMoCN 叠层复合涂层刀具及其制备工艺。本发明采用非平衡磁控溅射与电弧镀复合沉积的方法制备，且沉积温度控制在 300℃ 以下，可在更为广泛的刀具或工具基体上制备。所制备的 AlMoC/AlMoCN 叠层复合涂层刀具，刀具基体最外层为 AlMoCN 涂层，AlMoCN 涂层与刀具基体之间有 Ti 过渡层，AlMoCN 涂层与 Ti 过渡层之间是 AlMoC 涂层与 AlMoCN 涂层交替的复合叠层结构	减缓涂层裂纹扩展
CN107400865A	济宁学院	涂层刀具由内至外依次为刀具基体、Ti 过渡层、ZrAlC 过渡层和氮含量梯度渐变的 ZrAlCN 梯度复合涂层	极高的强度和硬度，较低的摩擦系数，良好的抗磨损及热冲击性
JP2019115956A	MITSUBISHI MATERIALS CORP.	硬质涂层为复合氮化物，复合氮化物的组合物为（$Al_a Cr_{1-a-b-c-d-e} B_b W_c Li_d S_e$），其中，$0.4 \leq a \leq 0.85$，$0.005 \leq b \leq 0.1$，$0 \leq c \leq 0.1$，$0.005 \leq d \leq 0.02$，$0.005 \leq e \leq 0.02$	高效率，润滑性，耐黏附性，耐碎裂性
WO2020070967A1	SUMITOMO ELECTRIC HARDMETAL CORP.	涂层包括交替层，其中第一单元层和第二单元层交替层叠，每个第一单元层包括含铝和锆的氮化物，当构成第一单元层的金属原子总数表示为 1 时，第一单元层中锆原子数的比率为 0.65 以上且 0.95 以下，每个第二单元层包括含钒和铝的氮化物，当构成第二单元层的金属原子总数表示为 1 时，第二单元层中的铝原子数的比率为 0.40 以上且 0.75 以下	实现长寿命的表面涂层切削工具，特别是加工难切削材料
CN106893975A	济宁学院	AlC/AlCN 叠层涂层刀具，刀具基体最外层为 AlCN 涂层，AlCN 涂层与刀具基体之间有 Ti 过渡层，AlCN 涂层与 Ti 过渡层之间为 AlC 涂层与 AlCN 涂层交替的复合叠层结构	提高涂层的硬度、韧性和耐冲击性
CN107338411A	济宁学院	AlNbCN 多元梯度复合涂层刀具，刀具涂层由内至外依次为：刀具基体、Ti 过渡层、AlNbC 过渡层以及氮含量梯度渐变的 AlNbCN 多元梯度复合涂层	降低切削力和切削温度，提高涂层刀具热稳定性

（4）Al_2O_3 合金

对硬质合金刀具涂层材料中使用 Al_2O_3 合金的专利进一步分析，重要相关专利中所揭示的主要手段见表 3-4。

表 3-4 Al$_2$O$_3$ 合金刀具涂层前沿技术相关专利

公开号	申请人	技术手段	技术效果
CN112930234A	住友电工硬质合金株式会社	被膜包括设置在基材上的 α-氧化铝层；α-氧化铝层包含 α-氧化铝晶粒；α-氧化铝层包括下侧部和上侧部；当沿着包括第二界面的法线的平面切割 α-氧化铝层以获得截面，并使用场发射扫描显微镜对该截面进行电子背散射衍射分析以识别 α-氧化铝晶粒的晶体取向，并且基于此创建彩色图时，在彩色图中，在上侧部中，由（006）面的法线方向相对于上述第二界面的法线方向在 ±15° 以内的 α-氧化铝晶粒所占据的面积比率为 50% 以上，并且在下侧部中，由（012）面、（104）面、（110）面、（113）面、（116）面、（300）面、（214）面和（006）面各自的法线方向相对于上述第二界面的法线方向在 ±15° 以内的 α-氧化铝晶粒所占据的面积比率为大于等于 5% 且小于 50%；并且 α-氧化铝层的厚度为 3μm 以上 20μm 以下	提高切削工具的耐崩刀性
WO2020174754A1	SUMITOMO ELECTRIC HARDMETAL CORP.	涂层包括 α-Al$_2$O$_3$ 层，在 α-Al$_2$O$_3$ 中，（0 0 12）面取向指数 Tc（0 0 12）在 4 以上 8.5 以下的范围内，（0 1 14）面取向指数 Tc（0 1 14）在 0.5 以上且 3 以下的范围内，取向指数 Tc（0 1 12）和取向指数 Tc（0 1 14）的和在 9 以下	提高耐磨性
WO2018061856A1	MITSUBISHI MATERIALS CORPORATION	硬质包覆层化学气相沉积法形成的上下两层。下层为至少包括 TiCN 层的钛化合物层，上层包括具有 α 型晶体结构的 Al$_2$O$_3$ 层，并且当测量上层的 Al$_2$O$_3$ 晶粒的晶界分布图时，硫作为组成原子在 Σ3 及以上的位置分享晶格，在 Σ31 及以上的位置偏析到晶界上，并且偏析的晶界长度占总晶界长度的 20%~50%	抑制高速断续切削加工条件下的硬质涂层的剥离，提高下层和上层的黏附强度

（5）Ti、Al 之外的合金组合

对硬质合金刀具涂层材料中使用除 Ti、Al 之外的其他元素组成的合金的专利进一步分析，重要相关专利中所揭示的主要手段见表 3-5。

表 3-5　其他合金刀具涂层前沿技术相关专利

公开号	申请人	技术手段	技术效果
CN107338412A	济宁学院	CrNbC/CrNbCN 叠层复合涂层刀具，在刀具基体表面沉积有涂层，所述涂层从内到外依次为：Cr 过渡层、CrNbC 涂层与 CrNbCN 涂层交替的复合叠层结构，最外层为 CrNbCN 涂层；其中：刀具基体材料为高速钢、工具钢、模具钢、硬质合金、陶瓷、金刚石、立方氮化硼	优良的物理机械性能
CN107385401A	济宁学院	SiNbCN 多元梯度复合涂层刀具，涂层刀具由内至外依次为刀具基体、Ti 过渡层、SiNbC 过渡层以及氮含量梯度渐变的 SiNbCN 多元梯度复合涂层	很高的硬度和韧性，良好的抗扩散磨损性能、抵抗塑性变形能力
CN107400866A	济宁学院	ZrMoC/ZrMoCN 叠层涂层刀具，刀具基体最外层为 ZrMoCN 涂层，刀具基体与 ZrMoCN 涂层间有 Ti 过渡层，ZrMoCN 涂层与 Ti 过渡层之间是 ZrMoC 涂层与 ZrMoCN 涂层交替的复合叠层结构	减缓涂层裂纹扩展及剥落
CN107177826A	济宁学院	MoNbC/MoNbCN 叠层复合涂层刀具，涂层从内到外依次为：Ti 过渡层、MoNbC 涂层与 MoNbCN 涂层交替的复合叠层结构，最外层为 MoNbCN 涂层	优良的物理机械性能
CN107177827A	济宁学院	SiNbC/SiNbCN 叠层复合涂层刀具，在刀具基体上从内到外依次为：Ti 过渡层、SiNbC 涂层与 SiNbCN 涂层交替的复合叠层结构，最外层为 SiNbCN 涂层	优良的物理机械性能

2. 各层之间的参数性质

（1）对层的厚度进行限定

切削工具，包括基材和设置在上述基材上的覆盖层，上述覆盖层包括由第一单位层和第二单位层构成的多层结构层和单独层，上述单独层包括立方晶型的 $Ti_zAl_{1-z}N$ 晶粒。$Ti_zAl_{1-z}N$ 中 Ti 的原子比 z 大于 0.4 小于 0.55，单独层的厚度平均值大于 2.5nm 小于 10nm，多层结构层的厚度平均值大于 40nm 小于 95nm，在由 1 层的上述多层结构层和 1 层的上述单独层构成的重复单位中，上述重复单位的厚度的平均值为 50nm 以上 100nm 以下，上述重复单位的厚度的最大值为 90nm 以上 110nm 以下。（JP6825777B1，MITSUBISHI MATERIALS CORP.）。

一种表面涂层刀具，包括刀具基板表面上的硬涂层，硬涂层包括下层和上层，其中下层为平均层厚 5.0~15.0μm 的 TiCN 层，上层为平均层厚 3.0~10.0μm 的 Al_2O_3 层。在刀具的表面附近有 800MPa 以上的压缩应力残留，在刀刃附近的 TiCN 层有 100~300MPa 的拉伸应力。（JP2019171486A，MITSUBISHI MATERIALS CORP.）。

一种金刚石涂层工具，其具有刀片，包括基材和基材上的金刚石层，其中，当刀片沿其延伸方向的长度为L时，刀片的金刚石层的厚度在11个点上测量，这些点从刀片的一端沿其延伸方向排列，并且彼此间隔距离为L/10，所有点的厚度相同，或者d_{min}/d_{max}，即厚度的最小值d_{min}和厚度的最大值d_{max}的比率不小于0.7但小于1。（WO2021090637A1，MITSUBISHI MATERIALS CORP.）。

一种具有硬涂层的表面涂层刀具，该硬涂层具有优异的抗切削性能，通过交替层压TiAlCN层α和TiAlCN层β来生产表面涂层刀具。在TiAlCN层α中：Al的平均含量比$X_α$和C的平均含量比$Y_α$分别满足$0.60 \leq X_α \leq 0.95$和$0 \leq Y_α \leq 0.005$。在TiAlCN层β中：Al含量比的最小值$X_β$，C含量比的最大值$Y_β$分别满足$0 \leq X_β < (X_α - 0.15)$，$X_β < (X_α + 0.15)$和$0 \leq Y_β \leq 0.005$。TiAlCN层α的平均层厚度$L_α$和层β的平均层厚度$L_β$分别满足$0.2\ \mu m < L_α \leq 2.0\ \mu m$；$1 nm \leq L_β \leq 400 nm$；$3 L_β < L_α$。（JP2019063982A，MITSUBISHI MATERIALS CORP.）。

包括基材和设置在基材上的涂层，其中涂层包括由第一单元层和第二单元层构成的独立层和多层结构层，所述独立层含有立方晶型$Ti_zAl_{1-z}N$晶粒，所述$Ti_zAl_{1-z}N$中Ti的原子比z为0.55~0.7，所述独立层的平均厚度为2.5~10 nm，所述多层结构层的平均厚度为40~95 nm，所述多层结构层的单层与所述独立层的单层构成重复单元，所述重复单元的平均厚度为50~100 nm，所述重复单元的厚度的最大值为90~110 nm，所述重复单元的厚度的最小值为40~60 nm。（WO2021070420A1，SUMITOMO ELECTRIC INDUSTRIES LTD.）。

一种切削刀具，包括基材和形成于基材上的涂层，其中涂层从靠近基材的一侧依次包括：下层化合物，其组成物由式（1）表示，上层形成于下层，其化合物的组成物由式（2）表示，式（1）中的（Al_xTi_{1-x}）N（1），x表示Al元素与Al元素和Ti元素总量的原子比，满足$0.60 \leq x \leq 0.95$；式（2）中的（Al_yTi_{1-y}）N（2），y表示Al元素与Al元素和Ti元素总量的原子比，满足$0.50 \leq y \leq 0.85$；下层平均厚度在$1.0\mu m$及以上，$10.0\mu m$以下，上层平均厚度在$1.0\mu m$及以上，$10.0\mu m$以下。（DE102020209193A1，SUMITOMO ELECTRIC INDUSTRIES LTD.）。

（2）对拉曼光谱的最大峰值强度进行限定

一种金刚石涂层刀具，其刀架表面涂有厚度为3~25 μm的金刚石涂层，金刚石涂层为1层或2层或更多层，在1120~1150 cm^{-1}范围内的最大峰值强度是1540~1580 cm^{-1}范围内最大峰值强度的0.6倍或更多。（JP2020142305A，MITSUBISHI MATERIALS CORP.）。

一种表面涂层刀具，其在刀架表面提供硬涂层，其刀架由碳化钨基硬质合金、TiCN族金属陶瓷、立方氮化硼烧结体和高速工具钢组成，其中：所述硬涂层包括平均层厚 0.5~8.0μm 的 Al 和 Cr 复合氮化层，根据 x 射线衍射计算出该复合氮化物层所需的衍射峰的半值宽度为 1.0~3.5°。（JP2017080878A，MITSUBISHI MATERIALS CORP.）。

（3）对孔密度进行限定

表面粗糙度 Ra 为 0.03μm，α-Al_2O_3 层细孔的形成是通过将 10 维 100nm 的平均孔径形成，所述细孔的平均密度为 30~70 个/$μm^2$。（JP2018030215A，MITSUBISHI MATERIALS CORP.）。

在涂层中，至少有一层是由碳氮化钛制成的 TiCN 层。碳氮化钛的颗粒结构占据 TiCN 层表面至少 75% 的面积，并且所述颗粒结构具有 5~40nm 长和 3~30nm 宽的颗粒聚集的形式。（WO2018216256A1，SUMITOMO ELECTRIC INDUSTRIES LTD.）。

（4）对粗糙度进行限定

涂覆的切削工具，包括基底和形成在基底表面上的涂层，其中涂层包括预定的下层，包括 Al_2O_3 的中间层和 TiCN 的上层；下层、中间层和上层具有预定的平均厚度；上层侧的中间层的界面具有大于 3.0 的峰度粗糙度；上层侧的中间层的界面具有小于 0 的歪斜粗糙度。（US20200361003A1，TUNGALOY CORPORATION）。

表面涂覆的切削工具，其特征在于：（a）所述下部层的硬质涂布层包括一个或多个的 TiC 层，锡层，TiCN 层，TiCO 层，非外延层为 Ti 化合物层和 Al_2O_3 层，其上层的硬质包覆层的表面上形成下层；和（b）氧化锆层上形成的最外表面上的层上的至少一个所述的前刀面的表面涂覆的切削工具表面处的面积比为 30%~70%，Al_2O_3 层具有赋予拉伸残留应力为 10~200 以上，表面粗糙度 Ra 为 0.25μm 或更小。（JP2017177292A，MITSUBISHI MATERIALS CORP）。

金刚石涂覆工具，包括基材和涂覆基材表面的金刚石层，基材表面的算术平均粗糙度 Ra 不小于 0.1μm 且不大于 10μm，粗糙度轮廓元素的平均长度 R_{sm} 不小于 3.1μm 且不大于 5.4μm。（US20170216927A1，SUMITOMO ELECTRIC INDUSTRIES LTD.）。

金刚石涂层刀具，基体材料的表面具有不小于 0.1μm 且不大于 10μm 的算术平均粗糙度 Ra 和不小于 1μm 且不大于 100μm 的平均粗糙度轮廓元件长度 R_{sm}，并且所述金刚石层具有从与所述基体材料的边界部分沿晶体生长方向延伸的多个空腔。（US9731355B2，SUMITOMO ELECTRIC INDUSTRIES LTD.）。

3. 晶体结构

（1）对晶粒面积比进行限定

切削工具，其包括基材和被覆基材的被膜，其中：被膜包括设置在基材上的 α-氧化铝层；α-氧化铝层包含 α-氧化铝晶粒；α-氧化铝层包括下侧部和上侧部；由 (006) 面的法线方向相对于上述第二界面的法线方向在 ±15° 以内的 α-氧化铝晶粒所占据的面积比率为 50% 以上，并且在下侧部中，由 (012) 面、(104) 面、(110) 面、

（113）面、（116）面、（300）面、（214）面和（006）面各自的法线方向相对于上述第二界面的法线方向在±15°以内的α-氧化铝晶粒所占据的面积比率为大于等于5%且小于50%；并且α-氧化铝层的厚度为3μm以上20μm以下。（CN112930234A，住友电工硬质合金株式会社）。

(2) 对平均晶粒尺寸进行限定

在工具基体表面上的碳化钨基硬质合金膜厚度上涂覆金刚石涂层的切削工具金刚石膜，金刚石涂层的平均晶粒尺寸超过3.0m，D/G大于10，金刚石涂层刀具的表面粗糙度Ra小于0.5m。（JP2020049587A，MITSUBISHI MATERIALS CORP.）。

复合氮化物层组合物在纵截面上具有柱状结构，平均纵横比为2.0~10.0，其中AlN晶粒的部分的晶粒边界形成为表面涂覆切削工具的长方形形状。（JP2020142312A，MITSUBISHI MATERIALS CORP.）。

(3) 对晶界长度进行限定

涂覆工具，包括具有第一表面的基体和形成在第一表面上的涂层。涂层包括含钛化合物的第一层和形成在第一层上，包括α-氧化铝的第二层。在第二层中，Σ3晶界长度是氧化铝晶体晶界处的Σ3~Σ29晶界长度中的最长晶界长度，所述长度相当于与第一表面正交的横截面中的每个Σ3~Σ29晶界长度的总和。涂覆层在第一层中具有沿第一层和第二层界面的方向排列的多个孔。沿界面方向的孔隙宽度的平均值小于相邻孔隙之间的间隔的平均值。（WO2020071244A1，KYOCERA CORPORATION）。

硬质包覆层化学气相沉积法形成的上下两层。下层为至少包括TiCN层的钛化合物层，上层包括具有α型晶体结构的Al_2O_3层，并且当测量上层的Al_2O_3晶粒的晶界分布图时，硫作为组成原子在Σ3及以上的位置分享晶格，在Σ31及以上的位置偏析到晶界上，并且偏析的晶界长度占总晶界长度的20%~50%。（WO2018061856A1，MITSUBISHI MATERIALS CORPORATION）。

(4) 对面取向指数进行限定

涂层包括α-Al_2O_3层，在α-Al_2O_3中，(0 0 12)面取向指数Tc(0 0 12)在4以上8.5以下的范围内，(0 1 14)面取向指数Tc(0 1 14)在0.5以上且3以下的范围内，取向指数Tc(0 1 12)和取向指数Tc(0 1 14)的合计为9以下。（WO2020174754A1，SUMITOMO ELECTRIC HARDMETAL CORP.）。

一种涂层刀具，其具有基材和在基材表面形成的涂层，所述涂层包括至少一个α-氧化铝层，所述(0 0 12)平面的织构系数TC(0 0 12)为4.0~8.4，所述(1 0 16)平面的织构系数TC(1 0 16)为0.4~3.0。（WO2018092518A1，TUNGALOY CORPORATION）。

（5）对晶格常数进行限定

涂层刀具包括基材和形成于基材表面的至少一部分的涂层，覆盖层包括至少一个复合氮化物层，所述复合氮化物层包含包含由（Ti_xAl_y）N 表示的组合物的化合物（其中 x 表示元素 Ti 元素相对于元素 Ti 和元素 Al 的总数的原子比，y 表示 Al 元素相对于 Ti 和 Al 元素的原子比，满足 $0.10 \leq x \leq 0.50$，$0.50 \leq y \leq 0.90$，$x+y=1$），复合氮化层由晶格常数为 0.400~0.430 nm（含）和晶格常数为 0.755~0.810 nm（含）的相组成。（WO2017170603A1，TUNGALOY CORPORATION）。

一种涂层刀具，包括基材和在基材表面形成的涂层；其中第一个复合氮化层包含化合物（Ti_xAl_{1-x}）N（$0.10 \leq x \leq 0.35$），第二个复合氮化层包含化合物（$Ti_yAl_zM_{1-y-z}$）N（$0.30 \leq y \leq 0.90$、$0.10 \leq z \leq 0.70$ 和 $y+z \leq 1$），第一层复合氮化物层包括晶格常数为 0.400~0.430 nm 的相和晶格常数为 0.755~0.810 nm 的相。（WO2017175803A1，TUNGALOY CORPORATION）。

4. 失效专利列表

失效专利为公开的现有技术可以直接使用，利用失效专利的技术文献资料，借鉴吸收有用技术，开拓思路，进行再次开发，既节省大量的时间、人力和财力，又可以实现技术的短平快发展。硬质合金刀具涂层前沿技术中失效专利列表见表 3-6。

表 3-6　硬质合金刀具涂层前沿技术失效专利

序号	公开（公告）号	标题	申请人	申请日
1	WO2018047733A1	The cutting tool and its manufacturing method	住友電工ハードメタル株式会社	2017/9/1
2	WO2018047735A1	The cutting tool and its manufacturing method	住友電工ハードメタル株式会社	2017/9/1
3	KR1020190032455A	Surface coating cutter and number bath method	SUMITOMO ELECTRIC HARDMETAL CORP.	2017/5/25
4	JP2018164960A	Coated Cemented CarbidetoolWith Superior Chipping Resistance	MITSUBISHI MATERIALS CORP.	2017/3/28
5	CN107400863A	ZrNbCN 梯度复合涂层刀具及其制备方法	济宁学院	2017/7/3
6	CN107400865A	ZrAlCN 梯度复合涂层刀具及其制备方法	济宁学院	2017/7/3
7	CN107400867A	CrMoCN 梯度复合涂层刀具及其制备方法	济宁学院	2017/7/3
8	CN107385401A	SiNbCN 多元梯度复合涂层刀具及其制备方法	济宁学院	2017/7/3

续表

序号	公开（公告）号	标题	申请人	申请日
9	CN107354430A	MoNbCN多元梯度复合涂层刀具及其制备方法	济宁学院	2017/7/3
10	CN107354431A	TiMoCN梯度复合涂层刀具及其制备方法	济宁学院	2017/7/3
11	CN107354432A	ZrCrCN梯度复合涂层刀具及其制备方法	济宁学院	2017/7/3
12	CN107354433A	CrNbCN多元梯度复合涂层刀具及其制备方法	济宁学院	2017/7/3
13	CN107338416A	ZrMoCN梯度复合涂层刀具及其制备方法	济宁学院	2017/7/3

3.2 硬质合金刀具制备方法的最新研究进展

3.2.1 主要申请人的前沿技术研究概况

对硬质合金刀具制备方法近5年的专利情况进行分析，合并inpadoc同族后，排名前5位的申请人中，2位为日本企业，3位为中国科研院校。排名第一的专利申请人的专利数量较多，其余专利申请人在近5年的专利申请量不超过40项。选取专利申请量排名前5位的申请人近5年申请的专利，同时结合专利被引用次数、专利同族数量，筛选出近5年的重点专利，进行硬质合金刀具制备方法的前沿技术分析。

3.2.2 重点专利的技术分类

对选取的191项前沿技术专利进行技术分类标引，统计分析得到硬质合金刀具制备方法的技术类型。由图3-6可以看出，硬质合金刀具制备方法近5年的前沿技术中，涉及化学气相沉积的专利数量最多，高达74件；其次为电弧镀+中频磁控溅射，其专利数量为29件；再次为物理气相沉积，其专利数量为20件；此外，近5年中还出现了多种制备方法结合以制备硬质合金刀具，如电弧镀+非平衡磁控溅射、激光熔覆+磁控溅射+电弧离子镀等，但多种制备方法结合的专利申请量不多，硬质合金刀具的制备仍以单一制备方法为主。

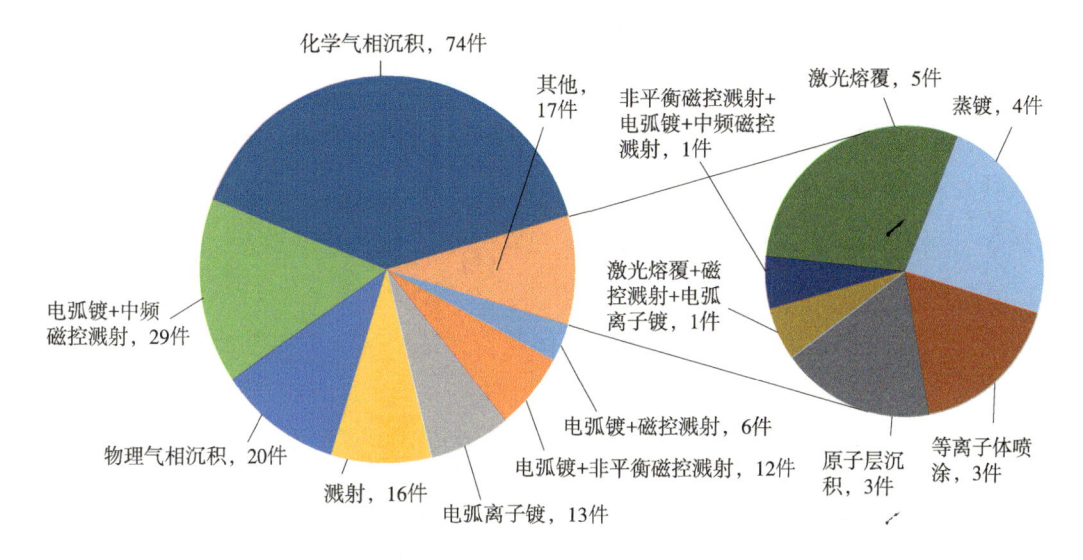

图 3-6 硬质合金刀具制备方法专利的技术类型

核心申请人近 5 年的最新专利基本围绕着刀具制备方法的种类展开，通过对制备方法的各步骤及各参数进行改进，提高刀具的性能。为了便于查看刀具制备方法相关专利的侧重点，整理得到刀具制备方法的技术功效之间的关系，如图 3-7 所示。

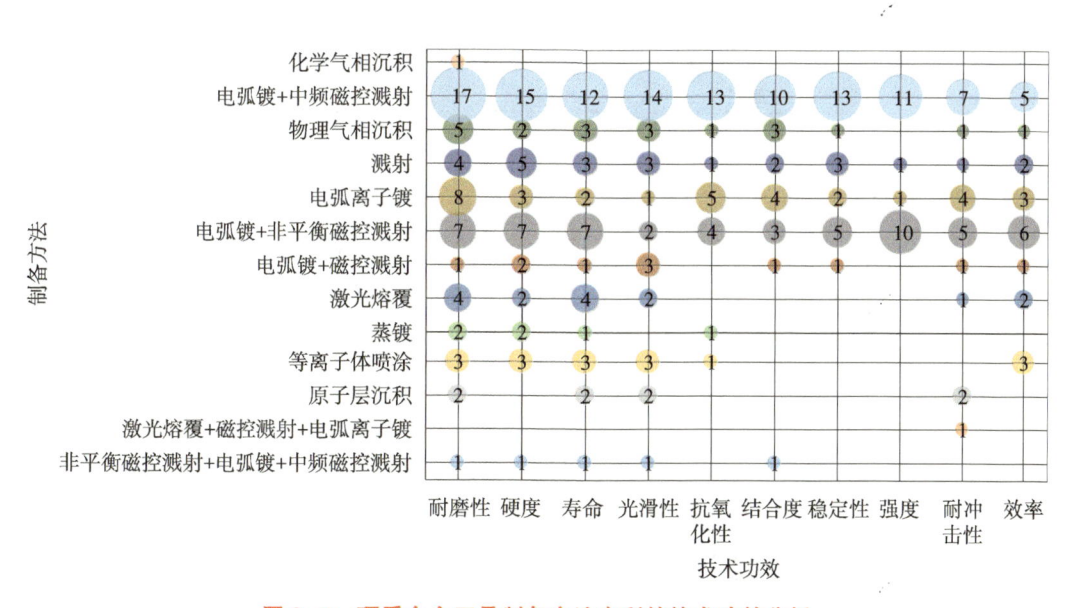

图 3-7 硬质合金刀具制备方法专利的技术功效分析

由图 3-7 可知，硬质合金刀具制备方法专利的研究热点相对较为集中，其功效涉及耐磨性、硬度、寿命、光滑性、稳定性等。制备方法各有各的优点，选择不同的制备方法能获得不同的有益效果。例如，采用电弧镀+中频磁控溅射制备方法，制备得到的硬质合金刀具具有良好的耐磨性、硬度、寿命、光滑性、强度、效率等。可以看出，采用电弧镀制备方法或电弧镀与其他制备方法结合使用，制备得到的硬质合金刀具具有较多良好的性能；而采用激光熔覆、蒸镀、原子层沉积等方法，制备得到的硬质合金刀具获得的有益效果相对较少。

3.2.3 硬质合金刀具制备方法前沿技术

1. 前沿技术

硬质合金刀具的制备方法多为采取不同制备方法的常规步骤，如磁控溅射技术、电弧等离子体技术等，或多为对不同的涂层材料采用不同的制备方法，而关于硬质合金刀具制备方法本身的改进较少。选取191项前沿技术专利中关于制备方法本身进行改进的专利，相关专利中所揭示的主要手段及技术效果见表3-7。

表3-7 硬质合金刀具制备方法前沿技术相关专利

公开号	申请人	技术手段	技术效果
CN112689688A	广东工业大学	离子刻蚀步骤：向腔室内通入高纯Ar，保持腔室内加热器温度，加负偏压，对基体进行离子刻蚀，去除刀具表面的氧化皮和疏松层；沉积Me-B-N系涂层步骤：向腔室内连续通入高纯N_2和高纯Ar，同时保持腔室内加热器温度恒定，基体加负偏压，采用磁控溅射技术或电弧等离子体技术，沉积具有一定厚度的Me-B-N系涂层	抗黏结性能强、均匀性好、内应力低、摩擦系数低
CN107794504A	东南大学	制备方法包括步骤：（1）将研磨处理后的刀具基体材料在真空为$7.0×10^{-3}$Pa条件下加热至200~240℃保温；（2）在刀具基体材料表面采用电弧镀和中频磁控溅射方式沉积TiZrTaN涂层，得到所述涂层刀具	较好的硬度和抗磨损能力，热稳定性、抗氧化性和耐腐蚀性好
CN108165988A	东南大学	采用激光熔覆方法制备：（1）前处理；（2）熔覆硬质合金层；（3）熔覆Al_2O_3基陶瓷层；（4）交替熔覆硬质合金层和Al_2O_3基陶瓷层；（5）后处理	较高的硬度和良好的韧性、自润滑性能
CN108300993A	东南大学	制备步骤为：（1）前处理；（2）熔覆硬质合金层；（3）熔覆氮化硅基陶瓷层；（4）交替熔覆硬质合金层和氮化硅基陶瓷层；（5）后处理	良好的韧性，较高的硬度和耐磨性能
CN109023361A	东南大学	制备步骤包括：（1）熔覆硬质合金层；（2）熔覆金属陶瓷层；（3）沉积TiAlSiZrN涂层	良好的韧性，较高的硬度和耐磨性能

续表

公开号	申请人	技术手段	技术效果
CN110016653A	东南大学	制备方法包括：(1) 清洗刀具基体；(2) 沉积 Al_2O_3 硬涂层：将清洗后的刀具置于原子层沉积设备中，加热到350~450℃，交替通入 $Al(CH)_3$ 和 H_2O 前驱体，在刀具基体表面沉积 Al_2O_3 涂层；(3) 沉积 MoS_2 或 WS_2 软涂层：保持原子层沉积设备加热腔的温度为350~450℃，交替通入 $MoCl_5$ 和 H_2S 前驱体来沉积 MoS_2 涂层，或交替通入 WCl_5 和 H_2S 前驱体来沉积 WS_2 涂层，完成软硬复合涂层自润滑刀具的制备	制得的刀具整体韧性、表面硬度和自润滑功效都有巨大提升
CN106756841A	广东工业大学	(1) 将清洗后的刀具装夹在高功率脉冲磁控溅射仪的工件架上，抽真空后开启加热器，再调节电加热器；(2) 在高功率脉冲磁控溅射仪的腔体中通入惰性气体，开启偏压电源对刀具进行辉光清洗；(3) 辉光清洗结束后，调节高功率脉冲磁控溅射仪腔体的真空度，开启钛靶沉积 Ti 层；(4) 轰击完毕后，打开氮气流量计阀门后沉积 TiN 层与 TiSiN 层，冷却后得到刀具涂层	涂层制备工艺稳定可靠，重复性强
CN109267005A	广东工业大学	先将硬质合金小径刀超声清洗，再利用电弧增强型辉光放电技术对其表面进行等离子体刻蚀；而后腔室内通入 N_2 和 Ar，在一定基体负偏压、沉积温度、溅射靶功率等条件下，进行磁控溅射镀膜，得 W-N 纳米复合结构涂层	小径刀表面硬度高、排屑性能好、能有效提高刀具的使用寿命和加工质量
CN107354433A	济宁学院	沉积方式采用中频磁控溅射和电弧镀的复合镀膜方法，首先采用电弧镀沉积 Cr 过渡层，然后采用中频磁控溅射方法沉积 CrNbC 过渡层和氮含量梯度渐变的 CrNbCN 多元梯度复合涂层	很高的硬度和韧性，较低的表面摩擦系数，良好的抗氧化性能

由表 3-7 可以看出，关于硬质合金刀具制备方法本身进行改进的专利较少，多数为对不同的涂层材料采用不同的常规制备方法，或对常规制备方法中的各参数条件进行优化，如东南大学在专利 CN110016653A 中对反应温度进行优化，制得的刀具整体韧性、表面硬度和自润滑功效都有巨大提升；或结合使用各常规制备方法，如济宁学院在专利 CN107354433A 中采用中频磁控溅射和电弧镀相结合，制得的刀具具有很高的硬度和韧性、较低的表面摩擦系数、良好的抗氧化性能。

2. 失效专利列表

失效专利为公开的现有技术，可以直接使用。利用失效专利的技术文献资料，借鉴吸收有用技术，开拓思路，进行再次开发，既节省大量的时间、人力和财力，又可以实现技术的短平快发展。硬质合金刀具制备方法前沿技术失效专利见表 3-8。

表 3-8 硬质合金刀具制备方法前沿技术失效专利

序号	公开（公告）号	标题	申请人	申请日
1	CN109930108A	一种高温耐磨自润滑 TiB$_2$ 基涂层及其制备方法和应用	广东工业大学	2018/11/21
2	WO2018047733A1	The cutting tool and its manufacturing method	住友電工ハードメタル株式会社	2017/9/1
3	CN109440064A	一种变热导率刀具涂层及其制备方法	广东工业大学	2018/11/14
4	CN109371375A	一种类金刚石原位自反应石墨化润滑涂层刀具及其制备方法	东南大学	2018/11/23
5	CN108559957A	一种具有 PVD 涂层的钛合金切削刀具材料及其制备方法	广东工业大学	2018/4/23
6	CN108300993A	氮化硅-硬质合金梯度涂层刀具及其制备方法	东南大学	2018/1/26
7	CN107794504A	TiZrTaN 涂层刀具及其制备方法	东南大学	2017/11/7
8	CN107354433A	CrNbCN 多元梯度复合涂层刀具及其制备方法	济宁学院	2017/7/3
9	CN107338416A	ZrMoCN 梯度复合涂层刀具及其制备方法	济宁学院	2017/7/3
10	CN105586572A	（Ti，Al，Zr）N 多组元复合涂层、具有该复合涂层的梯度超细硬质合金刀具及其制备方法	广东工业大学	2016/2/11

3.3 硬质合金刀具涂层设备的最新研究进展

3.3.1 主要申请人的前沿技术研究概况

对硬质合金刀具涂层设备近 5 年的专利情况进行分析，合并 inpadoc 同族后，排名前 10 位的申请人中，4 位为中国企业，4 位为中国科研机构，2 位为国外申请人。排名第 1、2 位的专利申请人的专利数量较多，其余专利申请人在近 5 年的专利申请量不超过 10 件。选取专利申请量排名前 5 位的申请人近 5 年申请的专利，同时结合专利被引用次数、专利同族数量，筛选出近 5 年的重点专利，进行硬质合金刀具涂层材料的前沿技术分析。

3.3.2 重点专利的技术分类

对选取的 38 件前沿技术专利进行技术分类标引，统计分析得到硬质合金刀具涂层设备的技术分类。由图 3-8 可以看出，硬质合金刀具涂层设备近 5 年的前沿技术中，涉及涂层装置整体结构的专利数量最多，为 10 件，其改进点在于带有弹性密封件的涂层装置、带有液冷载台组件的真空涂层机构等；其次为加热装置，其专利数量为 6 件；

再次为反应腔体，其专利数量为 5 件；此外，在镀膜装置、载料装置、冷却装置、驱动机构等部件方面也有专利申请，其余部件的专利数量均不超过 5 件。

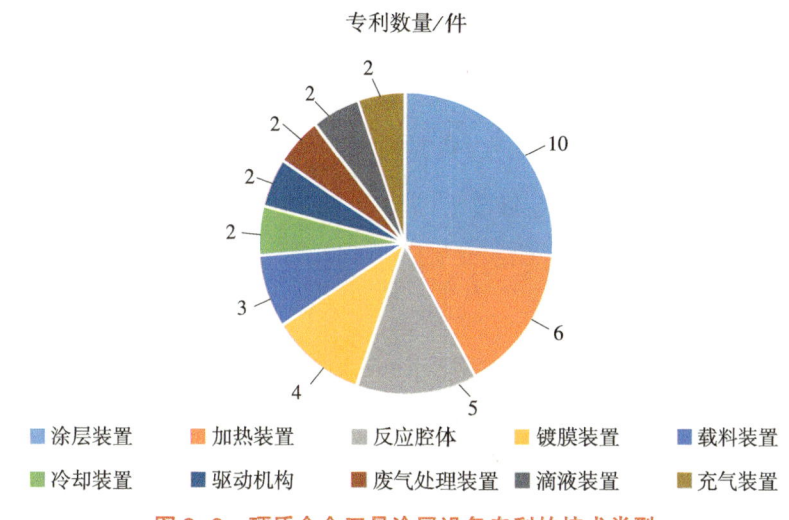

图 3-8　硬质合金刀具涂层设备专利的技术类型

核心申请人近 5 年的最新专利基本围绕着刀具涂层设备的基本构造展开，通过对基本构造的各个部件的结构设计，改善刀具涂层设备的结构性能。为了便于查看刀具涂层设备相关专利的侧重点，整理得到刀具涂层设备的技术功效之间的关系，如图 3-9 所示。

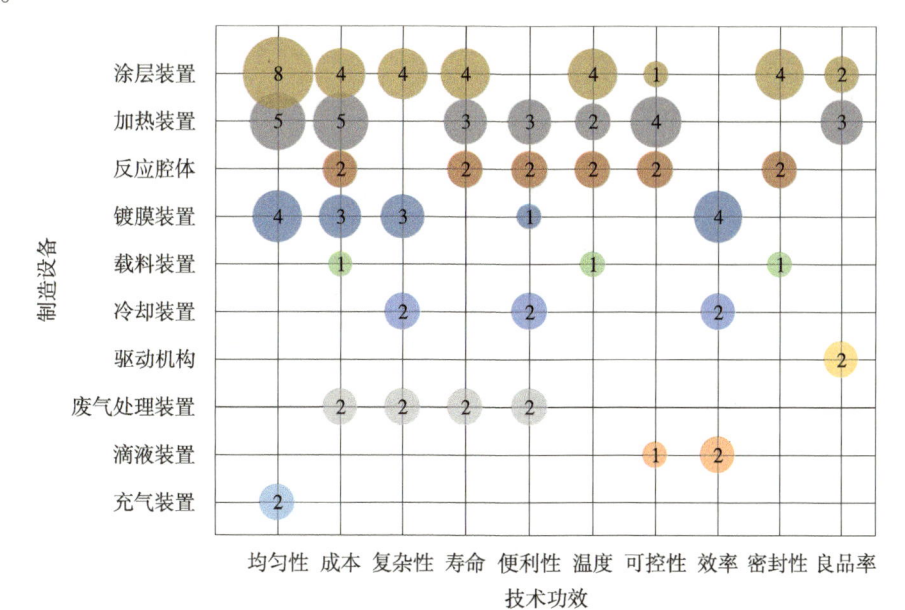

图 3-9　硬质合金刀具涂层设备专利的技术功效分析（专利数量：件）

由图3-9可知，硬质合金刀具涂层设备专利的研究热点较为分散，其功效涉及均匀性、成本、复杂性、寿命、便利性、可控性、效率等。对刀具设备的各个部件进行改进，获得的功效并不唯一。例如，对涂层装置进行改进，能提高均匀性、降低成本、降低复杂性、延长寿命、提高密封性等；对加热装置进行改进，能提高均匀性、降低成本、延长寿命、提高便利性、提高可控性等；对镀膜装置进行改进，能提高均匀性、降低成本、降低复杂性、提高便利性、提高效率。

3.3.3 硬质合金刀具涂层设备前沿技术

1. 涂层装置

对涂层装置专利进一步分析，在提高均匀性、降低成本、降低复杂性、延长寿命、提高密封性等方面，相关专利中所揭示的主要手段及技术效果如下：

1）在原有物理气相沉积装置基础上，嵌入真空室腔壁的柱状弧源或平面弧源，有效提高了刀具、模具、机械关键零部件和锁具等产品表面硬质防护涂层与基体的结合力。（CN109055901A、CN209307474U，大连威钛克纳米科技有限公司）

2）将转动挡板悬挂于真空室上部的转动盘上，能有效防止大颗粒污染涂层结构和降低性能，显著提高后续制备的硬质防护涂层与基材的结合力。（CN109136865A、CN209307475U，大连威钛克纳米科技有限公司）

3）在工作台两侧均设有钼片，在水平相对的两根钼片端部共同装夹有热丝，对预处理后的大尺寸复杂形状刀具进行CVD沉积，实现每把刀具独立自转，能根据需要处理安装齿轮，保证涂层均匀，显著提高各刀具不同部位生长温度一致性。（CN109666923A、CN209636317U，无锡职业技术学院；张家港市微纳新材料科技有限公司）

4）将真空罩底座冷盘密封安装于真空罩的底壁，液冷载台组件滑动设置于真空罩底壁，弹性密封件的一端与液冷载台组件密封安装，弹性密封件的另一端与真空罩底座冷盘密封安装，能够有效、快速地对液冷载台组件和真空罩底壁实现降温，实现沉积温度均匀，有效避免刀柄出现黑化现象，提高良品率。（CN112210767A、CN213388881U、CN213388882U、CN213388887U，广东鼎泰机器人科技有限公司）

2. 加热装置

对加热装置专利进一步分析，在提高均匀性、降低成本、延长寿命、提高便利性等方面，相关专利中所揭示的主要手段及技术效果如下：

1）将热丝网架承载于多个液冷电极棒上，发热丝拉紧件固定安装于热丝网架，发热丝拉紧件用于拉紧多个发热丝，能精确控制刀具与发热丝的受热距离，实现沉积温度均匀，有效避免刀柄出现黑化现象，提高良品率。（CN112323046A、CN213388884U、

CN213388892U，广东鼎泰机器人科技有限公司）

2）在顶盖顶部安装吊环，在筒体的外侧安装定位导向孔板；通过吊钩的使用，加热罩的吊装运输更加方便，通过定位导向孔板，可以实现精确定位。（CN213232485U，常州艾恩希纳米镀膜科技有限公司）

3）在外框的内部固定安装有耐火材料，耐火材料的内部嵌装有电阻丝，可分别独立控制多个加热丝组件，也可差异化控制各加热丝组件的温度。设备体积小、重量轻，方便安装和维护。（CN111996513A、CN212505061U，常州艾恩希纳米镀膜科技有限公司）

3. 反应腔体

对反应腔体专利进行进一步分析，在降低成本、延长寿命、提高便利性、提高可控性等方面，相关专利中所揭示的主要手段及技术效果见表3-9。

表3-9 反应腔体代表技术相关专利

公开号	申请人	技术手段	技术效果	附图
CN213232484U	常州艾恩希纳米镀膜科技有限公司	安装有挂钩、散热片、挂钩指示孔位、带弹簧支脚的保温环	降低成本、使用方便	
CN111996512A、CN212293739U	常州艾恩希纳米镀膜科技有限公司	铝反应器的上盖采用锁紧卡箍的方式锁紧	提高密封性	
CN112095091A、CN212247208U	常州艾恩希纳米镀膜科技有限公司	将机械压力表更换为压力变送器，电动控制波纹管阀自动调节开合度大小来实现	提高效率、提高便利性	

由表3-9可以看出，常州艾恩希纳米镀膜科技有限公司在硬质合金刀具设备的反应腔体部件领域进行了大量研究，其对反应腔体的结构进行改进，如铝反应器的上盖采用锁紧卡箍的方式锁紧、将机械压力表更换为压力变送器等，以提高反应腔体的密封性和便利性。

4. 失效专利列表

失效专利为公开的现有技术，可以直接使用。利用失效专利的技术文献资料，借鉴吸收有用技术，开拓思路，进行再次开发，既节省大量的时间、人力和财力，又可以实现技术的短平快发展。硬质合金刀具涂层设备前沿技术失效专利见表3-10。

表 3-10　硬质合金刀具涂层设备前沿技术失效专利

序号	公开号	发明名称	申请人	申请日
1	CN207760419U	一种PVD刀具双面镀膜装置	中原工学院	2017/12/27
2	CN207760420U	一种刀具表面镀膜装置	中原工学院	2017/12/27
3	CN207760421U	一种刀具表面辅助沉积镀膜装置	中原工学院	2017/12/27
4	CN207760422U	一种刀具表面高效均匀的镀膜装置	中原工学院	2017/12/27

第 4 章 小结与建议

4.1 硬质合金刀具涂层技术发展总结

基于对硬质合金刀具涂层技术领域的专利信息进行检索及分析，可以得出如下结论：

1）技术研发主要集中在涂层材料。在硬质合金刀具涂层领域，研发热点主要集中在涂层材料本身，其次是关于材料的制备方法，而对于设备的研究相对较少，这与涂层材料研发突破点主要在于材料本身有关。而制造涂层材料的设备采用本领域常规的设备能够满足需求，产生的创新技术较少。

2）硬质合金刀具涂层材料技术。核心技术和前沿技术均集中于日本，中国高校院所研发进入技术前沿。

硬质合金刀具涂层材料技术领域的技术研发重点地域主要集中在日本、中国、美国，日本在该领域的技术优势十分明显，全球专利申请量排名前 10 位的申请人，几乎都是来自日本的企业。而近 5 年的专利数据显示，中国有 3 所高校进入了全球前 10 名，说明中国高校院所对硬质合金刀具涂层材料技术领域的研发进入了技术前沿。

中国在硬质合金刀具涂层材料技术领域的技术研发主要集中在江苏和广东。硬质合金刀具涂层材料领域的申请人以企业为主，国内从事该领域的企业较多，研发意愿也比较强烈，但各企业的专利申请量均不大，尚未形成龙头企业。

硬质合金刀具涂层材料种类主要以 Ti-Al 合金、Ti 合金、Al 合金、Al_2O_3 为主，金刚石及其他材料涉及不多；涂层种类主要以单层涂层和多层涂层为主，交替叠层和梯度渐变的涂层较少。在近 5 年的前沿技术中，硬质合金刀具涂层材料的改进主要从材料种类、各层之间的参数性质、晶体结构方面进行改进。

3）硬质合金刀具涂层制备方法。核心技术集中于日本，中国高校研发优势明显。

在硬质合金刀具涂层制备方法领域，中国的专利申请量超越日本成为第一，但仍需承认，其优势地位不如日本在涂层材料领域的优势地位显著。从近 5 年的专利申请量来看，排名前 5 位的申请人中，2 家为日本企业、3 家为中国科研院校。

进一步分析硬质合金刀具制备方法近 5 年的前沿技术，涉及化学气相沉积的专利数量最多，其次为电弧镀+中频磁控溅射，再次为物理气相沉积；此外，近 5 年中还出现了多种制备方法结合以制备硬质合金刀具，如电弧镀+非平衡磁控溅射、激光熔覆+磁控溅射+电弧离子镀等，但多种制备方法结合的专利申请量不多，硬质合金刀具的制备仍以单一制备方法为主。

4）硬质合金刀具涂层设备。近年来成为研发热点，中国处于优势地位。

硬质合金刀具涂层设备的总体专利申请量相对较少，但近年来其专利申请量呈爆发式增长，也逐渐成为研发热点。从全球来看，中国在硬质合金刀具涂层设备技术领域的专利申请量最多，其次为日本。尤其是近 5 年的专利数据显示，申请量排名前 10 位的专利申请人几乎均为中国申请人。从中国来看，技术研发热点地域主要集中在江苏和广东。

硬质合金刀具设备近 5 年的前沿技术中，涉及涂层装置整体结构的专利数量最多，其改进点在于带有弹性密封件的涂层装置、带有液冷载台组件的真空涂层机构等；其次为加热装置；再次为反应腔体。

4.2 企业发展建议

4.2.1 明确技术研发方向

硬质合金刀具涂层技术在材料技术、制造设备分支方面近年来迎来了第二次技术发展，硬质合金刀具涂层技术的制造设备分支也在近年来逐渐成为研发热点。建议在上述技术分支领域，相关企业可结合自身发展进行深入研究，并确定企业在上述技术分支领域的研发方向、创新突破重点。例如，硬质合金刀具涂层材料种类主要以 Ti-Al 合金、Ti 合金、Al 合金、Al_2O_3 为主，金刚石及其他材料涉及不多；涉及涂层装置整体结构的专利数量最多，其改进点在于带有弹性密封件的涂层装置、带有液冷载台组件的真空涂层机构等。在技术爆发式发展的情况下，可选择研发热点方向进行进一步改进，紧跟前沿技术步伐；也可选择技术空白点进行技术突破，获得开拓性技术。

对于行业巨头企业在该领域已经积累的核心专利，其他创新主体可考虑避开核心专利，而针对核心专利的外围技术进行研发突破，形成以核心专利为主的外围技术专利支撑。这样的专利虽然技术含量无法与核心专利相比，但其可对核心专利的广泛应用带来一定的促进和补充作用，或可以因此争取与核心专利申请人交叉许可的协同合作机会。

4.2.2 制定核心技术保护策略

硬质合金刀具涂层领域的核心技术多以技术秘密的形式进行保护，河源富马硬质合金有限公司在技术研发的同时，也应尤其注意企业核心技术的保护。制定合理的核心技术保护策略，应从以下几个方面重点进行考虑：

第一，对于一项新技术，应根据技术特点选择其知识产权保护类型，确定是以技术秘密的形式进行保护还是以专利的形式进行保护。以技术秘密的形式进行保护，保护期限不受限制，但应注意保护过程中容易泄密的问题；以专利的形式进行保护，保护期限受到专利法限制。

第二，完善企业内部的技术秘密的保护制度，例如，与核心技术人员签订保密协议、竞业协议等。在与其他公司、科研机构合作研发的过程中，注意知识产权归属问题。

第三，完善企业内部的专利保护制度，例如，在企业内部建立规范的专利申请流程、专利管理流程，建立专门的专利管理部门和人员对企业内的知识产权活动进行把控，尤其要注意把控专利申请文件的审核、专利授权后的管理、专利的运营等。

4.2.3 积极借鉴行业前沿技术

行业前沿技术对高技术领域具有前瞻性、先导性和探索性，是未来高技术更新换代和新兴产业发展的重要基础。行业前沿技术能影响企业的发展方向，甚至能改变企业的研发方向，企业对行业的前沿技术应做到及时关注。

第一，企业应提高技术人员获取行业前沿技术的能力，如设置专人负责行业前沿技术的检索，并发送给企业技术人员查看；定期参与行业研讨会，获取行业前沿技术；提高相关人员文献检索、文献阅读能力。

第二，企业应定期对行业前沿技术进行追踪，如定期对企业研发热点技术进行追踪，定期对企业研发方向进行追踪，定期对企业竞争对手的研发情况进行追踪。

4.2.4 加强专利海外布局

富马硬质合金有限公司在硬质合金刀具涂层技术领域具有一定的技术实力和核心技术，现已形成高档圆锯片用硬质合金刀头、整体硬质合金圆片刀和硬质合金木工刀片三大主导产品系列，并建立了切削刀片、地矿产品、耐磨零件、拉拔模具和数控刀具等多条特色制品生产线，产品销售范围除覆盖国内主要省市外，还远销日韩、欧美、东南亚等30多个国家和地区。

富马硬质合金有限公司的硬质合金刀具产品遍布日韩、欧美、东南亚等30多个国家和地区，然而其专利仅在中国申请，专利尚未进行海外布局，存在较大的知识产权海外侵权风险，应当提高应对纠纷的警惕性并做好预案。

富马硬质合金有限公司可着重考虑产品经营或出口的主要区域以及主要竞争对手所在国家或地区，针对产品市场份额最大以及专利法律体系较为完备的区域进行专利海外布局，使得其技术在海外也能受到专利保护，提高其海外市场竞争力。

4.2.5 加强产学研合作

从硬质合金刀具涂层技术领域的研发情况分析可以看出，我国在该领域的专利权人类型大多为企业，高校院所占比较少。但是，企业专利技术分散未形成龙头企业，高校院所专利技术较为集中且前沿，国内重要专利申请人有多家来自高校院所。一方面说明以该领域为主营业务的企业较多，行业产业化程度较高，技术实用性较强，绝大多数专利申请量来源于分散的企业。另一方面说明高校院所参与该领域的研发热度高，且技术价值和专利质量高，创新潜力强大。

高校院所拥有丰富的科研人才和科研资源，企业在硬质合金刀具涂层技术领域进行技术研发时，可以考虑与该领域具有研发优势的院校进行产学研合作，如广东工业大学、济宁学院等，充分利用院校的研发优势，同时发挥企业的产业化优势，共同获得技术突破并提高技术的市场应用价值。广东工业大学和济宁学院在硬质合金刀具涂层材料和制备方法技术领域拥有前沿技术，例如，济宁学院在硬质合金刀具涂层材料技术领域的前沿技术涉及 ZrTiN-MoS_2/Ti/Zr 叠层涂层刀具、SiNbCN 多元梯度复合涂层刀具、TiCrN+MoS_2/Cr/Ti 组合润滑涂层刀具、TiMoC/TiMoCN 叠层涂层刀具等。

第三部分

铭镭激光智能装备（河源）有限公司

  铭镭激光智能装备（河源）有限公司（以下简称铭镭激光公司）成立于 2004 年，是国家级高新技术企业，从事激光设备研发、生产与销售，已形成完整的工业激光设备系列供应平台。铭镭激光公司在江苏、浙江、天津等地区已建立分公司，并即将建立覆盖全国的技术支持及售后服务网。

  铭镭激光公司的激光产品类型包括激光焊接机、激光打标机、管材激光切割机、小幅面精密激光切割机等，并拥有全系列的激光加工设备生产线，可为客户提供激光加工设备，并能为客户提供加工解决方案。产品广泛应用于电工电器、手机通信、五金制品、工具配件、精密器械、首饰饰品、眼镜钟表、集成电路、工艺礼品、塑胶模具、医疗器械等行业。

  铭镭激光公司在广东省激光加工领域具有一定的规模优势，但其在激光加工领域的技术创新程度不高，多以组装整合技术为主，自主创新还需加强。

  因此，选取铭镭激光公司，对其主营业务所属的激光加工领域进行专利分析，为铭镭激光公司提供前沿技术参考，以促进其技术进一步发展。

第1章 激光加工技术发展现状

1.1 激光加工技术简介

原子中的电子在吸收能量后从低能级跃迁到高能级，再从高能级回落到低能级时，所释放的能量以光子的形式放出，产生激光。其光子光学性能高度一致，因此使得激光光源单色性、方向性更好，亮度更高。激光的这一特性使其在材料加工、信息存储、医疗美容、显示打印等领域都具有广泛应用。其中又以材料加工和信息存储领域占比最大。

通过激光与材料表面的物质发生相互作用而对材料进行改造称为激光加工，根据加工的目的分为激光切割、激光焊接、激光打标和激光清洗。将高能量密度的激光聚焦在材料表面，能够破坏材料的结构，使被照射区域的材料熔化或断裂，从而达到切割材料的目的，这种加工方式称为激光切割。利用激光使材料发生熔化再重新冷却凝固，可以将两种材料连接在一起，实现焊接效果，该过程称为激光焊接。通过控制激光脉冲的能量、功率等参数，使特定区域的材料发生变化从而留下标记的方法，称为激光打标。激光加工的另一应用称为激光清洗，通过调整激光的能量、脉冲宽度等参数，使激光对材料表面的亚微米级颗粒产生烧蚀，同时不影响材料本身，达到去除材料表面污染的目的。

1.2 激光加工技术发展趋势

1.2.1 激光切割的技术发展

激光切割具备切割质量好、切割效率高、切割材料种类多以及非接触式切割的优点，已经逐渐取代传统切割加工工艺。激光技术成为世界主要工业国家间互相竞争的重要工业技术之一，各国纷纷将激光技术作为本国重要的尖端技术给予积极支持，加紧制定国家级激光产业发展计划。我国的激光产业虽然尚处初步发展阶段，但增长速度快，成为全球激光市场的重要发展极。同时，我国也在积极扩充激光切割设备生产，填补国内空白。

1.2.2 激光焊接的技术发展

激光焊接是激光材料加工技术应用的重要方面之一。20世纪70年代主要用于焊接薄壁材料和低速焊接。1985年，德国蒂森钢铁公司与德国大众汽车公司合作，在Audi 100车身上成功采用了全球第一块激光拼焊板。20世纪90年代，欧洲、北美、日本各大汽车生产厂开始在车身制造中大规模使用激光拼焊板技术。中国的激光拼焊板技术应用起步较晚，2002年10月25日，中国第一条激光拼焊板专业化商业生产线正式投入运行，由武汉蒂森克虏伯中人激光拼焊从德国蒂森克虏伯集团TWB公司引进。此后上海宝钢阿赛洛激光拼焊公司、一汽宝友激光拼焊有限公司等相继投产。激光焊接技术进入了快速发展阶段。

1.2.3 激光打标的技术发展

激光打标设备的核心是激光打标控制系统，激光打标控制系统的发展代表了激光打标的技术进程。1995—2003年，激光打标控制系统从大幅面技术发展到转镜技术，又发展到后来的振镜技术，控制系统的控制方式也由上下位机控制发展为实时处理、分时复用。短短8年时间经历了几次技术迭代，是发展速度非常快的一种加工技术。

1.2.4 激光清洗的技术发展

相较于传统的清洗工业，激光清洗具有无接触、无研磨、无化学药品的优点，因此在环保意识逐渐增强的今天获得了越来越多的应用，也发展出了多种技术分支。主要包括：使用脉冲激光直接辐射去污的激光干洗法；先沉积一层液体薄膜，再结合激光辐射去污的激光+液膜清洗法；在激光辐射去污的同时辅以惰性气体吹扫的激光+惰性气体清洗法；先使用激光辐射使污染物颗粒松散，再结合化学药剂清洗的激光+化学清洗法。激光清洗对于清洗材料基本无限制，因此在金属模具、电子器件、精密器械等清洗领域广泛发挥着作用，未来也将迎来更多技术上的发展与挑战。

1.3 激光加工各技术分支

根据激光加工的各种类型，将激光加工分为四个二级技术分支，分别为激光切割、激光焊接、激光清洗和激光打标。表1-1展示了激光加工的技术分解，下文的分析将围绕该技术分解中的各技术分支进行。

表 1-1　激光加工的技术分解

一级技术	二级技术
激光加工	激光切割
	激光焊接
	激光清洗
	激光打标

1.4　检索基本情况概述

1.4.1　检索数据库介绍

本研究采用国家知识产权局专利检索与服务系统、智慧芽商业数据库、incoPat 商业数据库和法国 Questel 商业数据库作为主要数据库，美国专利局数据库、欧洲专利局数据库作为补充数据库。

1.4.2　检索策略制定

根据前文所述技术分解，对各技术分支进行中英文关键词扩展，得到检索要素，见表 1-2。

表 1-2　激光加工检索要素

技术分支	中文关键词	英文关键词
激光切割	激光、镭射、切割、划切、刻划、划刻、切离、切片、切断、分割、划片	Laser、dic+、divid+、cut+、incis+、separat+
激光焊接	焊接、焊合、焊牢、点焊、复合焊	weld、solder、seal
激光清洗	清洁、洁净、清洗	clean+、wash+、pur+、purge
激光打标	打标、标记、标志、标定、标刻、标签	mark、target、osign、tag

同时，在检索过程中引入刀具相关的分类号及合金涂层相关的分类号，分类号及其说明如下：

B23K 26/00 用激光束加工，例如焊接，切割或打孔；

B23K 26/38 ··利用镗孔或切削；

B23K 28/00 不包含在 B23K 5/00 至 B23K 26/00 各组中的焊接或切割；

B23K 28/02 ·焊接或切割的组合工艺或设备；

H01L 21/304 ···机械处理，例如研磨、抛光、切割；

B23K 26/21 ··焊接的；

B23K 26/22 ···点焊；

B23K 26/24··缝焊；

B23K 26/26···用于直焊缝；

B23K 26/28···用于平面曲线焊缝；

B23K 26/30···用于三维焊缝；

B23K 26/32··考虑到所包含的材料性质的；

B23K 26/34·用于非接合目的的激光焊接；

B23K 26/346·与包括在B23K5/00-B23K25/00小组的焊接或切割结合的，例如与电阻焊结合的；

B23K 26/348··与电弧加热结合的；

B29C 65/00 预制部件的接合；

B29C 65/16···激光束的；

B08B 7/00 不包含在其他小类或本小类的其他组中的清洁方法；

B23K 26/36·除掉材料；

B41J 3/407·用于在特殊材料上作标记。

1.4.3 检索结果处理

根据上述检索式可得到初步的检索结果，然后需对所有数据进行清理、标引和筛选，具体内容如下：

1. 清理分析字段

申请人、申请人国籍、申请人类型、专利布局、授权专利、法律状态和多国申请等。

2. 数据标引

数据标引：就是给经过数据清理和去噪的每一项专利申请赋予属性标签，以便于统计学上的分析研究。所述的"属性"可以是技术分解表中的类别，也可以是技术功效的类别，或者其他需要研究的项目的类别。当给每一项专利申请进行数据标引后，就可以方便地统计相应类别的专利申请量或者其他需要统计的分析项目。因此，数据标引在专利分析工作中具有非常重要的地位。根据技术标引表对所检索的数据进行标引，包括：

1）人工标引：课题组成员通过阅读专利文献来标注标引信息，在某些情况下批量标引与人工标引相结合使用。根据本课题的技术分解，标引信息取类似国际分类号的字母+数字方式，例如 A1、B2 等，分别对应不同的技术分支。中文专利，视数据总量选择标引数据量，注意对标引总量作适当控制；全球专利，针对重要申请人所申请的专利和 3/5 局（EP/US/JP）的专利进行标引。

2）批量标引：对检索得到的原始数据通过使用相对严格的检索式直接大批量标注标引信息，在对全球数据检索的同时完成对全球数据的二级技术分类标引。

3. 数据筛选

通过 Excel 对数据进行筛选。在本部分中，对检索得到的数据进行人工筛选，最终得到准确度较高的数据结果。

4. 重要专利筛选

分析重要专利是专利分析中一项十分重要的工作。筛选重要专利的原则主要包括被引频次、同族国家数、重要申请人/发明人的专利、专利有效性、纠纷/诉讼专利、技术路线关键节点等。考虑到实际操作中的问题，并结合本领域的技术特点，本报告选择被引频次、同族国家数、诉讼/运营/纠纷情况和技术路线关键节点作为判断重要专利的因素。

第 2 章　激光加工专利导航分析

本章从激光加工的专利申请趋势、技术发展方向、申请人、地域分布、法律状态等多个维度，对激光加工进行全面分析，以揭示激光加工各技术分支的专利申请态势和走向。

截至 2022 年 12 月 31 日，激光加工技术领域全球专利申请总量为 115796 件，其中，中国申请 59878 件。

2.1　激光加工专利总体分析

图 2-1 体现了激光加工领域全球专利申请态势情况。从中可以看出，激光加工的研发始于 20 世纪初。1982 年之前，为激光加工技术的萌芽期，激光加工技术的专利年申请量不超过 300 件；1983—2005 年，为激光加工技术的缓慢发展期，专利年申请量达到 1000 件左右，在这期间，激光加工技术开始缓慢发展，但尚未成为研究热点；2006 年至今，为激光加工技术的快速发展期，2020 年专利申请量高达 13050 件，激光加工技术在这段时间得到了爆发式发展，专利申请量目前仍呈增长态势。

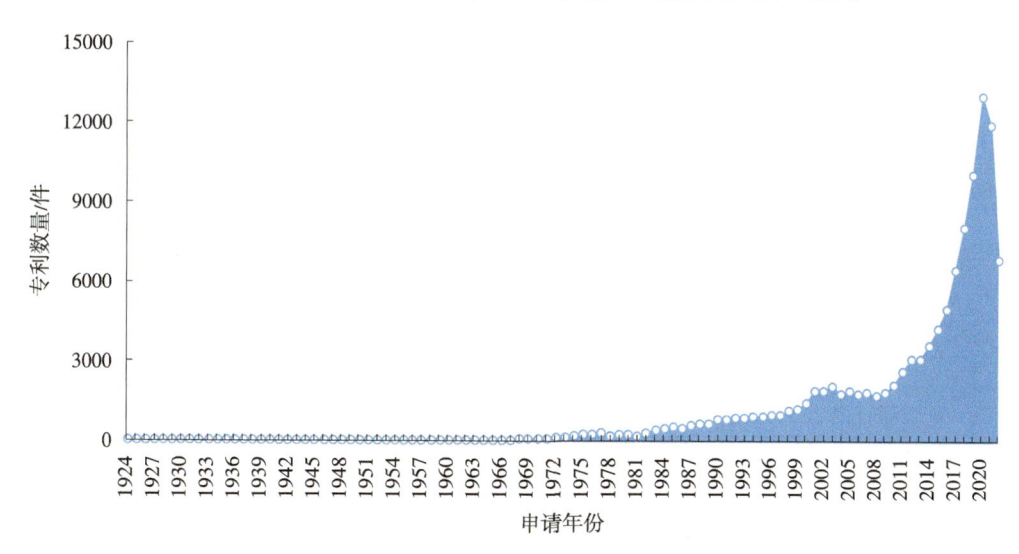

图 2-1　激光加工领域全球专利申请态势

2.2 激光加工专利地域分布

2.2.1 激光加工专利全球分布

图 2-2 显示了激光加工领域全球专利地域排名。从中可以看出激光加工技术的热点地域分布，排名前 3 位的国家或地区分别为中国大陆、日本和美国。其中，中国大陆的专利申请量为 59878 件，遥遥领先位于第 1 位；日本的专利申请量为 16550 件，位于第 2 位；美国的专利申请量为 9476 件，位于第 3 位。其余国家或地区的专利申请量均不超过 5000 件，说明激光加工技术领域的核心技术主要集中在中国大陆、日本和美国。

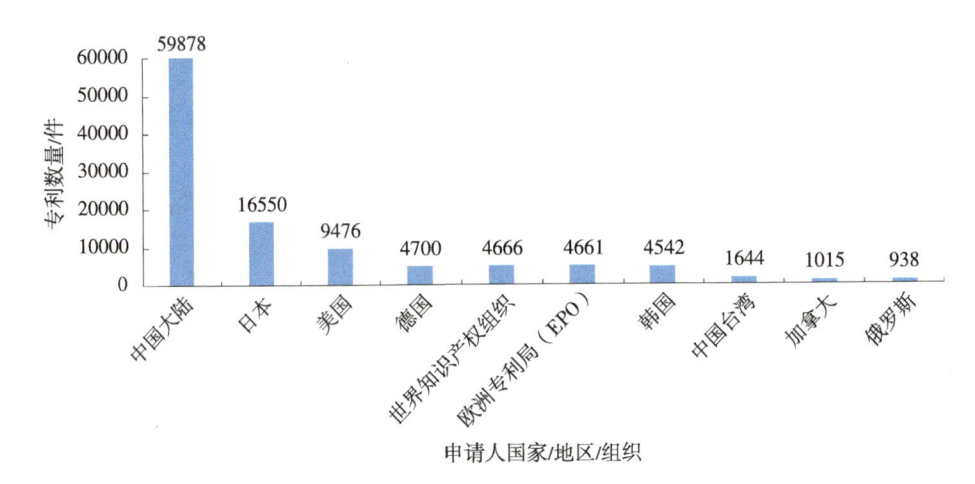

图 2-2　激光加工领域专利的全球地域排名

2.2.2 激光加工专利中国分布

图 2-3 显示了激光加工领域专利中国地域排名。从中可以看出我国重点省市在激光加工技术领域的专利分布情况，广东和江苏分别以 13178 件、12659 件的申请量占据绝对优势，其次为浙江、山东、湖北。可见，中国的激光加工技术领域的研发主要集中在广东和江苏。

图 2-3　激光加工领域专利中国地域排名

图 2-4 体现了激光加工领域专利的中国重点地域申请态势情况。从中可以看出，北京和浙江在激光加工技术领域的技术研发起步最早，江苏的起步稍晚于浙江，广东的起步稍晚于江苏。但广东近年来在该领域的技术研发呈爆发式增长，专利申请量位居第一。江苏近年来的专利申请量增长也较为明显。广东和江苏成为中国激光加工技术领域的重点地区。

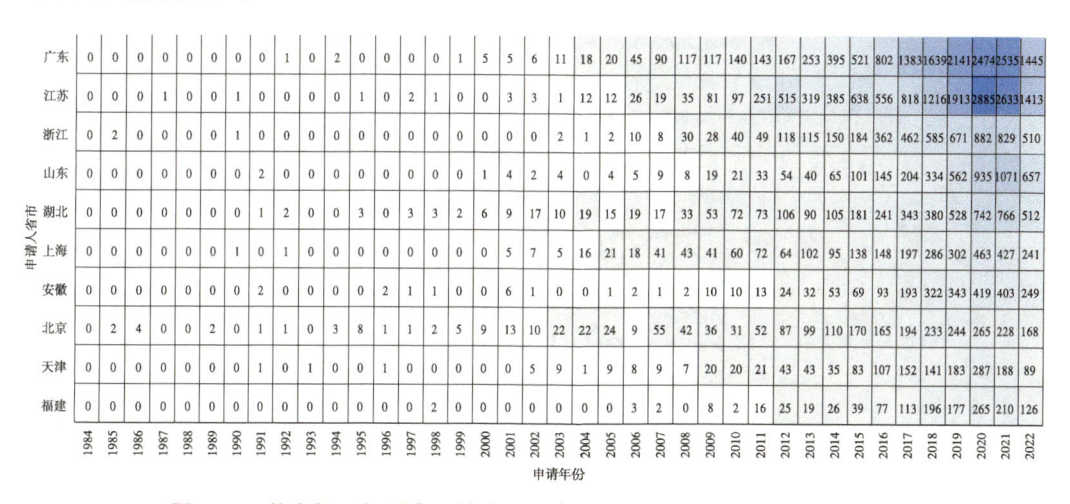

图 2-4　激光加工领域专利的中国重点地域申请态势（专利数量：件）

2.3　激光加工专利申请人分析

2.3.1　激光加工重点申请人

图 2-5 显示了激光加工领域的全球专利申请人排名，图 2-6 显示了激光加工领域专利的中国申请人排名。可以看出，在全球排名前 10 位的专利申请人中，有 9 位外国申请人，1 位中国申请人。在中国排名前 10 位的专利申请人中，大族激光科技产业集团股份有限公司的专利申请量为 1876 件，以绝对的优势位居第一。前 10 名中的 9 位外国申请人几乎为日本企业。说明日本企业在激光加工技术领域的技术研发整体实力较强。且中国申请人排名前 10 位中也有日本企业，进一步说明了日本企业在该领域的技术实力；同时，日本企业也较为重视专利海外布局。

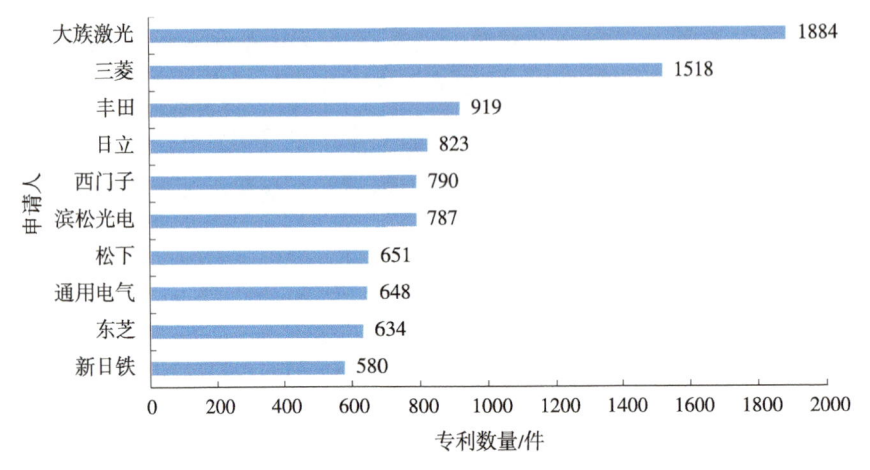

图2-5 激光加工领域专利的全球申请人排名

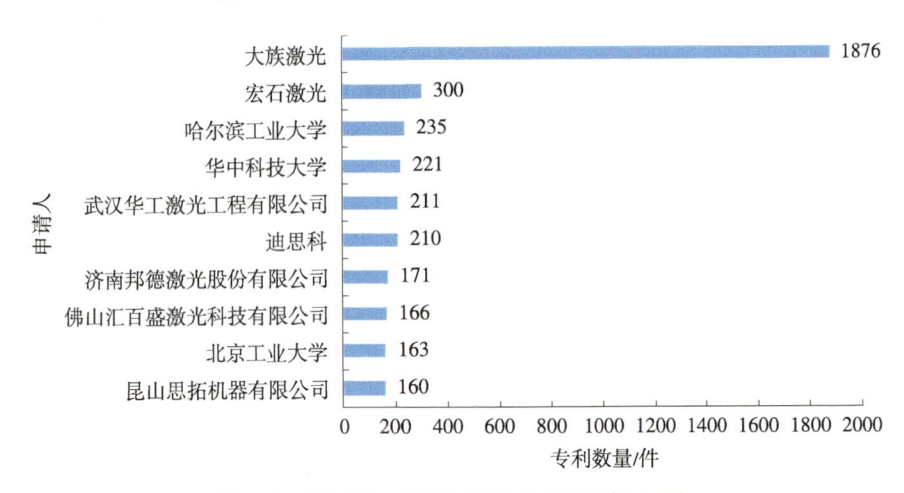

申请人	专利数量/件
大族激光	1884
三菱	1518
丰田	919
日立	823
西门子	790
滨松光电	787
松下	651
通用电气	648
东芝	634
新日铁	580

图2-6 激光加工领域专利的中国申请人排名

申请人	专利数量/件
大族激光	1876
宏石激光	300
哈尔滨工业大学	235
华中科技大学	221
武汉华工激光工程有限公司	211
迪思科	210
济南邦德激光股份有限公司	171
佛山汇百盛激光科技有限公司	166
北京工业大学	163
昆山思拓机器有限公司	160

2.3.2 激光加工中国申请人类型

图2-7体现了激光加工领域中国专利申请人类型情况。从专利申请人的类型可以看出该领域的产业研发情况，激光加工技术领域的申请人绝大部分为企业，超过5万件；而高校院所的申请量仅为4980件、科研单位仅为1255件。这与中国在激光加工技术领域起步较晚有关，在国际上激光加工技术已经趋于成熟的时候中国才进入相关研究，因此研究基本聚焦于实用性、产业性，基本由企业进行；而高校院所一般关注于前沿性、探索性的科学研究，对于激光加工技术领域的研发参与程度不高。

图 2-7 激光加工领域中国专利申请人类型

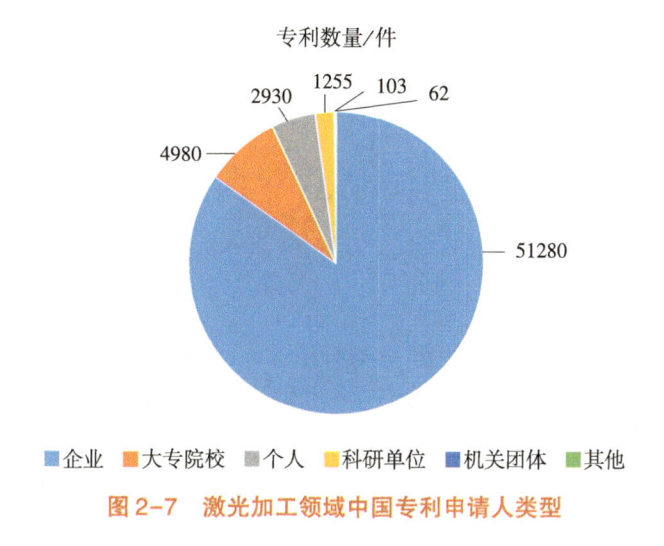

2.4 激光加工专利技术分布

根据激光加工的各种类型，将激光加工分为激光焊接、激光切割、激光打标和激光清洗。

产业内专利的分布现状在一定程度上反映了该领域受到的关注度和风险分布状况，图 2-8 为激光加工专利技术分布。从中可以看出，激光加工领域的全球布局主要集中在激光切割，占比超过 50%；其次为激光焊接，占比约为 31%；激光清洗在该领域的占比最小，专利申请量仅为 600 件。说明在激光加工领域，技术研发主要集中在激光切割和激光焊接。

图 2-8 激光加工专利技术分布

第 3 章 激光切割专利导航分析

本章从激光切割的专利申请趋势、技术发展方向、申请人、地域分布、法律状态等多个维度，对激光切割进行全面分析。

截至 2022 年 12 月 31 日，激光切割全球专利申请总量为 62852 件。

3.1 激光切割专利总体分析

在全球范围内检索，共检索到 62852 件激光切割技术领域的专利。图 3-1 体现了激光切割领域的全球专利申请态势情况，图 3-2 体现了激光切割领域的中国专利申请态势情况。从中可以看出，激光切割技术的研发始于 20 世纪初期。1982 年之前，为激光切割技术的萌芽期，专利年申请量不超过 200 件，1983—2005 年，为激光切割技术的缓慢发展期，该阶段专利年申请量由 200 件增长至 500 件；2006 年之后为激光切割技术的快速增长期，2020 年专利年申请量为 7913 件。目前仍为激光切割技术的快速发展期。

中国在激光切割技术领域的研发起步较晚，20 世纪末在该领域才逐渐有专利申请。2007 年之前，中国在该领域的专利申请量不超过 200 件，2008 年之后中国在激光切割技术领域进入了快速发展阶段，专利申请量迅速增加，2020 年的申请量高达 6977 件。可以看出，中国在该领域的起步较晚，但发展十分迅速。

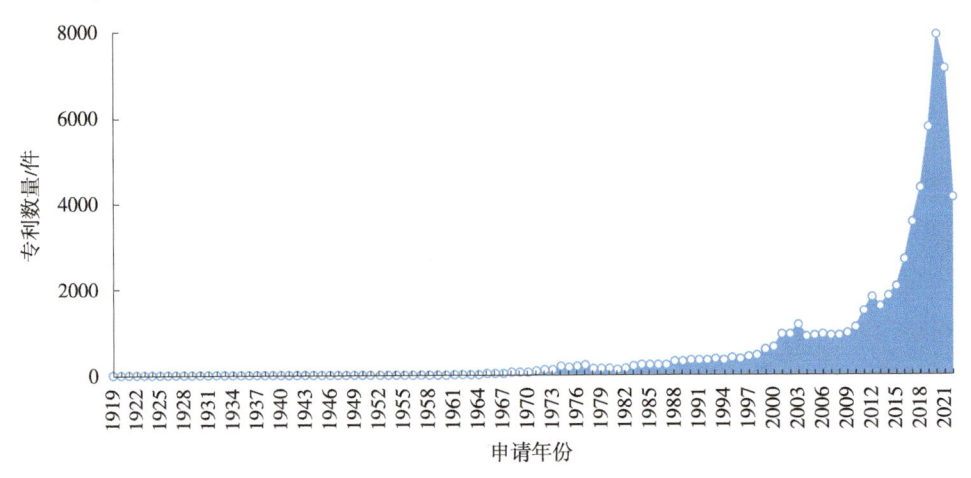

图 3-1 激光切割领域全球专利申请态势

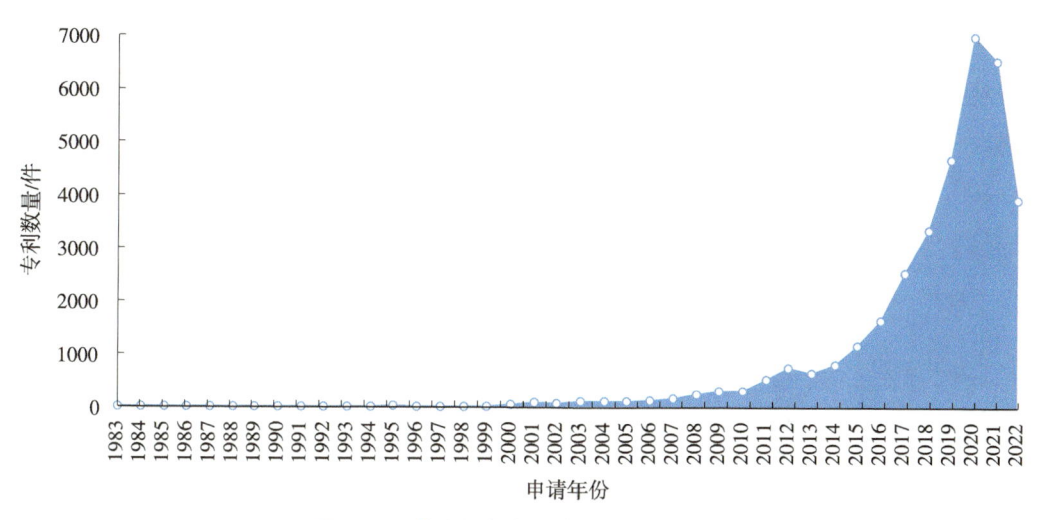

图 3-2　激光切割领域中国专利申请态势

3.2 激光切割专利地域分布

3.2.1 激光切割专利全球分布

对激光切割领域专利申请的全球地域排名进行分析，可以看出激光切割专利的热点地域分布。图3-3示出了激光切割领域专利全球地域排名。从中可以看出，排名前3位的依次为中国大陆、日本、美国，其中，中国大陆在激光切割技术领域的专利申请量为35143件，以绝对优势位于第1位；其次为日本，在该领域的专利申请量为8192件；再次为美国，在该领域的专利申请量为4927件。其他国家或地区在该领域的专利申请量均不超过2500件，说明激光切割技术领域的核心技术主要集中在中国大陆、日本和美国。

图 3-3　激光切割领域专利的全球地域排名

3.2.2 激光切割专利中国分布

对激光切割领域专利申请的中国地域排名进行分析，可以看出我国重要省市在激光切割领域的专利分布情况。从图3-4中可以看出，排名前3位的省份分别为江苏、广东和山东。其中，江苏和广东的专利申请量分别为7921件和7433件，远远超过其他省份的专利申请量；山东在激光切割技术领域的专利申请量为2835件，居第3位。

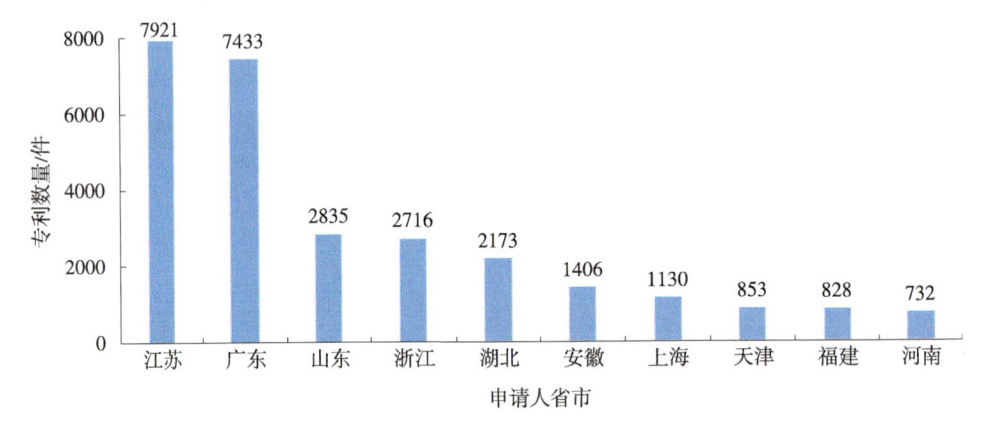

图3-4　激光切割领域专利的中国地域排名

3.3 激光切割专利申请人分析

3.3.1 激光切割重点申请人

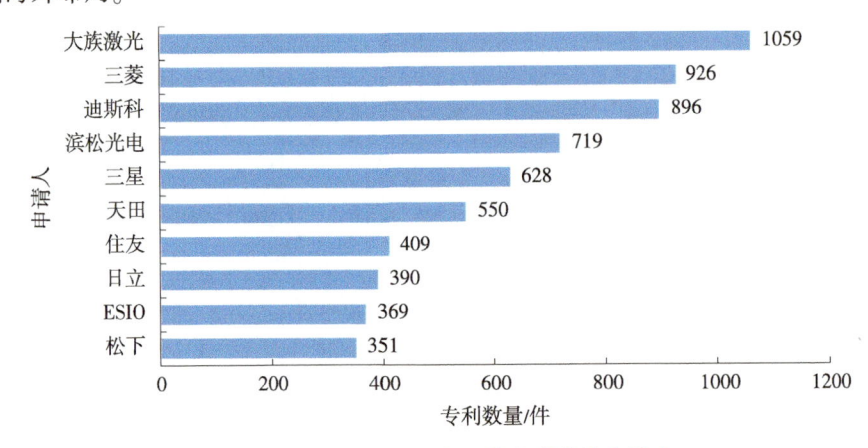

图3-5显示了激光切割领域专利的全球申请人排名，图3-6显示了激光切割领域专利的中国申请人排名。可以看出，在全球排名前10位的专利申请人中，有9家国外企业，1家中国企业，9家国外企业中有8家日本企业，且如图3-6所示，中国专利申请人前10名中也有日本企业。说明日本企业在激光切割领域具有核心技术，且比较重视专利海外布局。

图3-5　激光切割领域专利的全球申请人排名

图3-6 激光切割领域专利的中国申请人排名

3.3.2 激光切割中国申请人类型

图3-7体现了激光切割领域专利的中国申请人类型情况，从专利申请人的类型可以看出该领域的产业研发情况。从中可以看出，在激光切割领域中国专利中，企业申请占绝大部分，专利申请量高达31117件；其次为高校院所，专利申请量为1901件；再次为个人申请，专利申请量为1895件。说明激光切割的产业化程度较高，实用性较强，绝大多数研发均由企业进行，科研机构参与程度不高。

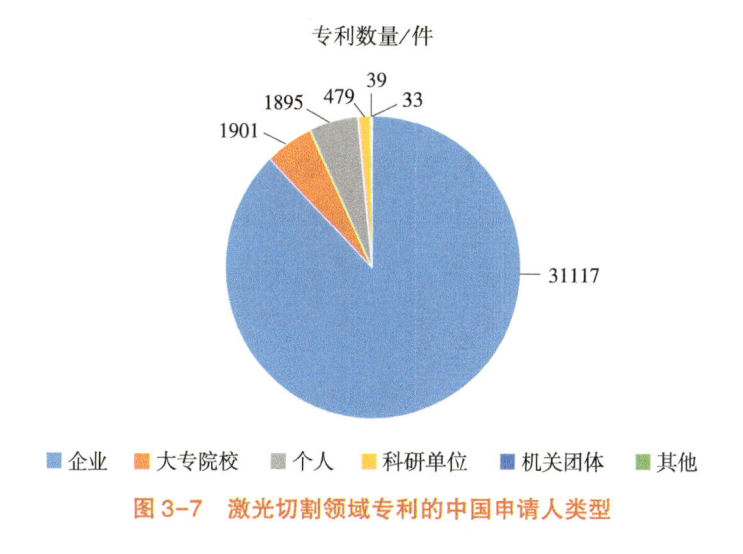

图3-7 激光切割领域专利的中国申请人类型

第 4 章 激光焊接专利导航分析

本章从激光焊接的专利申请趋势、技术发展方向、申请人、地域分布、法律状态等多个维度，对激光焊接进行全面分析。

截至 2022 年 12 月 31 日，激光焊接全球专利申请总量为 35946 件。

4.1 激光焊接专利总体分析

在全球范围内检索，共检索到 35946 件激光焊接技术领域的专利。图 4-1 体现了激光焊接领域的全球专利申请态势情况，图 4-2 体现了激光焊接领域的中国专利申请态势情况。从中可以看出，激光焊接技术的研发始于 20 世纪 60 年代。1982 年之前，专利年申请量不超过 200 件，该阶段处于技术的萌芽期，技术发展十分缓慢；1983—2005 年，该阶段专利年申请量由 200 件增长至 400 件，该阶段处于技术的缓慢发展期，技术发展较为缓慢；2006 年之后为激光焊接技术的快速增长期，2020 年专利年申请量为 3289 件。目前仍为激光焊接技术的快速发展期。

中国在激光焊接技术领域的研发同样起步较晚，20 世纪末在该领域才逐渐有专利申请。2007 年之前，中国在该领域的专利申请量不超过 120 件，2008 年之后中国在激光焊接技术领域进入了快速发展阶段，专利申请量迅速增加，2020 年的申请量高达 2623 件。可以看出，中国在该领域的起步较晚，但发展十分迅速。

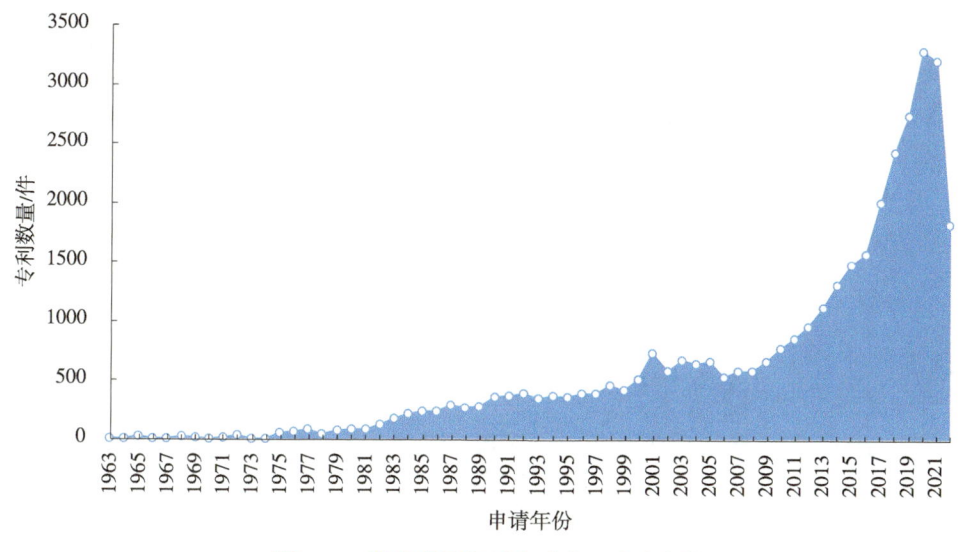

图 4-1 激光焊接领域全球专利申请态势

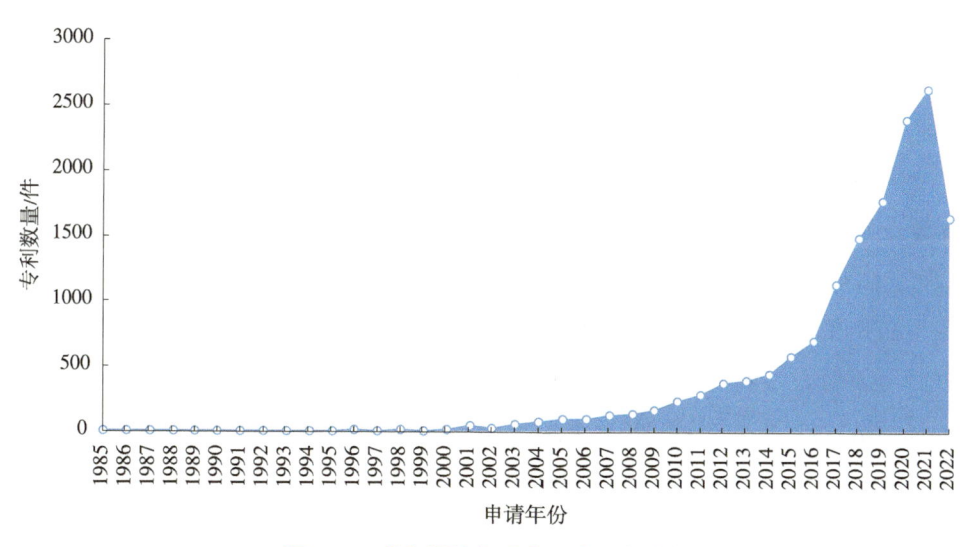

图 4-2 激光焊接领域中国专利申请态势

4.2 激光焊接专利地域分布

4.2.1 激光焊接专利全球分布

对激光焊接领域专利申请的全球地域排名进行分析,可以看出激光焊接专利的热点地域分布。图 4-3 显示了激光焊接专利全球地域排名。从中可以看出,排名前 3 位的国家依次为中国、日本、美国。其中,中国在激光焊接技术领域的专利申请量为14873 件,以绝对优势居第 1 位;其次为日本,在该领域的专利申请量为 6497 件;再次为美国，在该领域的专利申请量为3325件。其他国家或地区在该领域的专利申请量均不超过2500件，说明激光焊接技术领域的核心技术主要集中在中国、日本和美国，尤其是中国和日本，在激光焊接技术领域的专利申请量具有绝对领先优势。

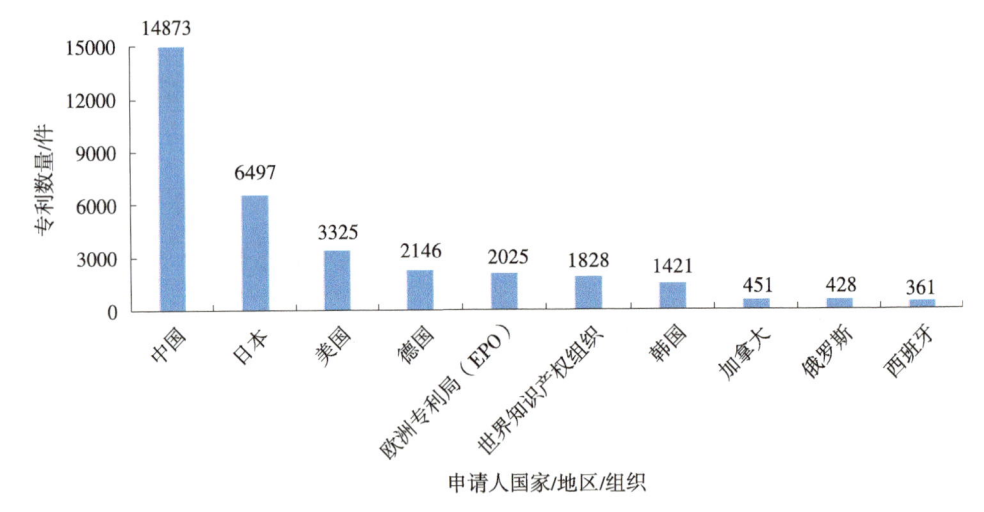

图4-3 激光焊接领域专利的全球地域排名

4.2.2 激光焊接专利中国分布

对激光焊接领域专利申请的中国地域排名进行分析，可以看出激光焊接专利的热点地域分布。图4-4体现了我国重要省市在激光焊接领域的专利分布情况。从中可以看出，排名前3位的省份分别为广东、江苏和浙江。其中，广东和江苏的专利申请量分别为3204件和2933件，远远超过其他省市的专利申请量；浙江的专利申请量为1023件，居第3位。可以看出，中国激光焊接领域的核心技术主要集中在广东和江苏。

图4-4 激光焊接领域专利的中国地域排名

4.3 激光焊接专利申请人分析

4.3.1 激光焊接重点申请人

图 4-5 显示了激光焊接领域专利的全球申请人排名，图 4-6 显示了激光焊接领域专利的中国申请人排名。可以看出，在全球排名前 10 位的专利申请人中，有 9 家国外企业，1 家中国企业。并且，9 家国外企业中有 7 家为日本企业。说明日本企业在激光焊接领域具有核心技术，且比较重视专利海外布局，在中国进行专利申请的申请人中，日本也有一家企业进入了前 10 名，进一步说明了日本企业对海外布局的重视。而中国在激光焊接领域，虽然专利申请量位居第一，但在全球排名前 10 位的专利申请人中，仅有 1 位。说明中国在该领域的核心研发实力不强，核心技术和巨头企业不多。

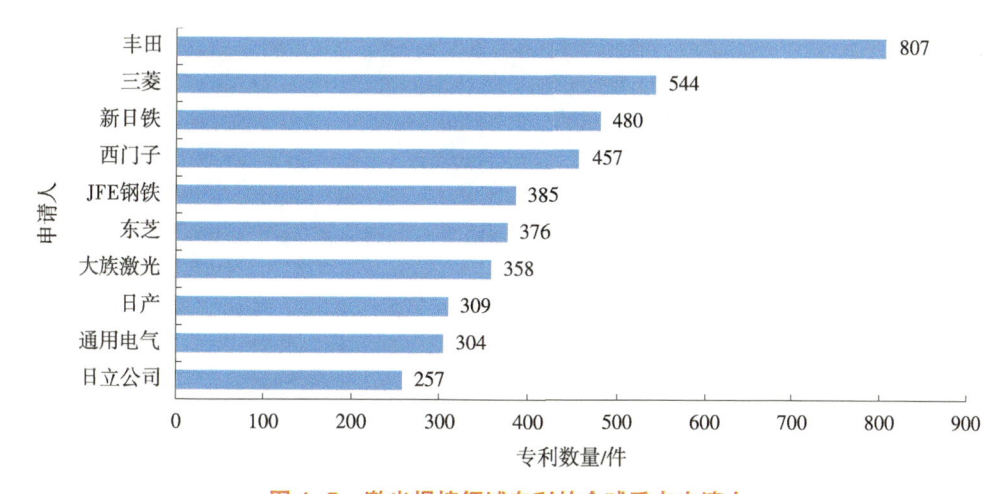

申请人	专利数量/件
丰田	807
三菱	544
新日铁	480
西门子	457
JFE钢铁	385
东芝	376
大族激光	358
日产	309
通用电气	304
日立公司	257

图 4-5　激光焊接领域专利的全球重点申请人

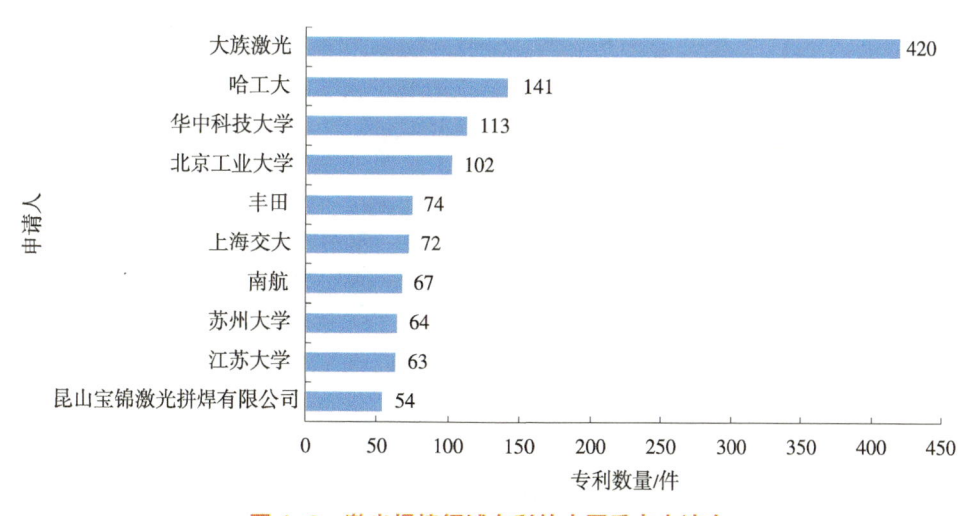

申请人	专利数量/件
大族激光	420
哈工大	141
华中科技大学	113
北京工业大学	102
丰田	74
上海交大	72
南航	67
苏州大学	64
江苏大学	63
昆山宝锦激光拼焊有限公司	54

图 4-6　激光焊接领域专利的中国重点申请人

4.3.2 激光焊接中国申请人类型

图 4-7 显示了激光焊接领域专利的中国申请人类型情况。从专利申请人的类型可以看出该领域的产业研发情况。在激光焊接中国专利中，企业申请占绝大部分，专利申请量高达 12113 件；其次为高校院所，专利申请量为 1981 件。说明激光焊接的产业化程度较高，实用性较强，绝大多数研发均由企业进行，高校院所参与程度不高。

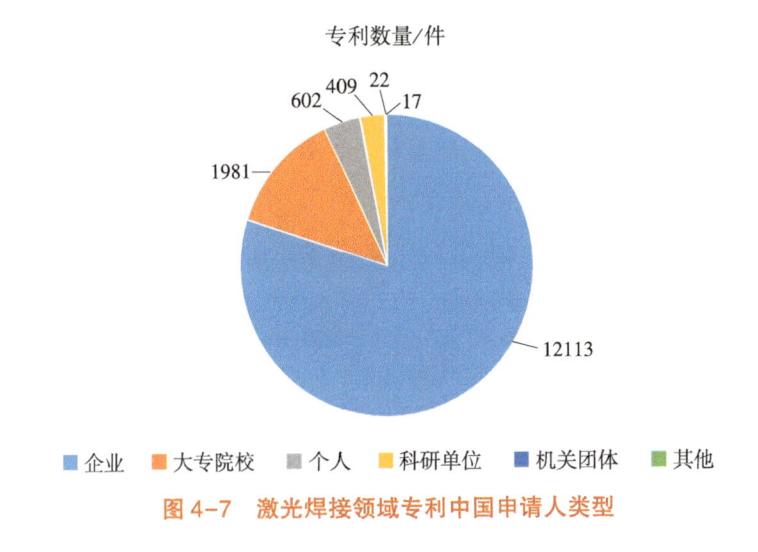

图 4-7 激光焊接领域专利中国申请人类型

第 5 章　小结与建议

5.1　激光加工技术发展总结

基于对激光加工技术领域的专利信息检索及分析，可以得出如下结论：

1）2006 年至今，为激光加工技术的快速发展期，激光加工技术在这段时间得到了爆发式发展，专利申请量目前仍呈增长态势。中国在激光切割技术领域的研发起步较晚，但发展十分迅速，专利申请量迅速增加，目前在全球排名第 1 位。

2）激光加工技术领域的核心技术主要集中在中国、日本和美国，中国的激光加工技术领域的研发主要集中在广东和江苏。

3）激光加工技术的全球专利前 10 名申请人中的大多数为日本企业，且中国激光加工技术专利申请人排名前 10 位中也有日本企业，说明日本企业在激光加工技术领域的技术研发整体实力较强，日本企业也较为重视专利海外布局。虽然中国在该领域的专利申请量居第 1 位，但在该领域的核心研发实力不强，核心技术和巨头企业不多。

4）激光加工领域的技术研发主要集中在激光切割和激光焊接。

5.2　企业发展建议

企业所处的不同经营阶段所采取的专利策略不应完全相同。企业初期的安全经营阶段应积累持有专利的数量，作为保护手段和市场准入筹码；当专利数量达到一定量级时，则进入成本控制阶段，应在控制专利数量的前提下提高高价值专利的比例；在未来的谋划阶段中，应主动预见未来，专利布局重在占领未来技术变革中的制高点。在激光加工领域中，铭镭激光公司处于初期的积累阶段，由此对其发展提出以下几点建议。

5.2.1　合理确定研发方向

激光加工技术目前处于快速发展期，行业巨头企业在该领域已经积累了一定的核心专利，其他创新主体可考虑避开核心专利，而针对核心专利的外围技术进行研发突破，以核心专利为主的外围技术专利作为支撑。这样的专利虽然技术含量无法与核心专利相比，但其可通过对核心专利的广泛应用为自己的外围技术专利带来一定的促进和补充作用，或可以因此争取到与核心专利申请人进行交叉许可的协同合作的机会。

在研发时，可以考虑对研发相对不热门的几个领域的技术进行分析，得到造成这些领域不热门的原因，若这些领域研发不热门的原因在于存在技术瓶颈或研发难度大等，企业可以根据自身实力，决定是否针对这些领域持续投入研发资源。

5.2.2 加强产学研合作

从激光加工技术领域的研发情况分析可以看出，在该领域排名靠前的申请人基本为企业，高校院所申请较少，说明该领域的产业化程度较高，实用性较强，绝大多数研发由企业进行，科研机构参与程度不高。

而高校院所拥有丰富的科研人才和科研资源，铭镭激光公司在激光加工技术领域进行技术研发时，可以考虑与该领域具有研发优势的高校院所进行产学研合作，如哈工大、华中科技大学等，充分利用高校院所的研发优势，同时发挥铭镭激光公司的产业化优势，获得技术突破。

在进行产学研合作时，可以与高校院所在激光加工技术领域具有先进技术的团队进行合作。例如，铭镭激光公司若想在激光加工技术领域进行技术研发，则可以与在该领域具有先进技术的研究团队进行合作。

5.2.3 积极借鉴行业领先者经验

从激光加工技术的相关技术申请中可以看出，该领域的专利集中度较高，行业领先者的技术掌握成熟度较高，应充分借鉴这些行业领先者的技术经验。

根据前文关于激光加工技术专利情况分析得出，可以借鉴的企业有大族激光科技、三菱、日立、东芝等企业。

以大族激光科技为例，大族激光科技在激光切割和激光焊接领域进行了广泛的专利布局。该领域内企业若要在激光切割和激光焊接领域进行创新，可分析研究大族激光科技的专利布局策略，学习经验，也可以积极寻求合作机会。同时，可以定时关注行业内重点企业的核心专利申请情况，研究学习避免知识产权纠纷。

5.2.4 引进高技术人才

在技术研发过程中，人才是最重要的创新资源。铭镭激光公司在激光加工技术的研发过程中，可以考虑引进高技术人才。通过对激光加工技术领域的专利信息进行分析，可以获得激光加工技术领域的巨头企业及排名靠前的发明人的人才支撑，为企业人才引进提供参考借鉴，但是企业应注意正当竞争并在人才引进过程中做好知识产权风险控制。

5.2.5 制定专利利用策略

专利是集技术、经济、法律于一体的产物，铭镭激光公司在制定专利战略时，应当结合自身的经济实力、技术竞争与经营状况等多种因素确立可行性方案，策略性地运用专利战略，促进企业的持续发展和核心技术的提升。

1）充分利用有直接经济价值的失效专利。对于一项成熟的专利，可通过失效专利文献提供的技术内容，按图索骥直接利用专利方法或生产专利产品，产生经济效益。但需要注意的是，某个产品往往不是通过一项专利进行保护的，例如激光切割设备专利失效，使用该激光切割设备的激光切割方法专利可能还有效；实用新型专利失效，申请人于同日申请的发明专利可能还有效。要注意对专利文献系统进行检索分析，不能因某项专利失效就急于利用，而应查清相关专利的法律状态，再决定能否免费进行利用，以防侵犯他人专利权。

2）对具有市场潜力的失效专利进行二次开发，推动技术革新。随着技术革命速度加快，市场竞争加剧，激光加工技术领域的技术创新难度越来越大。为解决激光加工产业技术水平的限制，激光加工企业要充分利用失效专利的技术文献资料，借鉴吸收有用技术，开拓思路，进行二次开发，寻找技术突破点。这既节省大量的时间、人力和财力，又可以实现技术的快速创新发展。

3）探测市场动向，制定科技战略。从专利战略来讲，能产生经济效益的专利和专利群，权利人必然倾向于维持到专利法定期届满，而失去技术前景或经济利益的专利会及时放弃。通过分析激光加工行业领先者及竞争对手现在拥有和正在申请的专利，以及失效专利的情况，能较准确地掌握竞争对手的未来发展动向，及时调整企业的技术研发战略。

4）失效专利战略与其他战略交叉运用，可产生更大经济效益。在专利技术可替代的情况下，应选择失效专利或即将失效专利为基础技术进行改进和开发。这样，一方面，通过对自身和他人已采用的技术进行改进、完善，在原有基础上创造出高质量、低成本的产品以控制和占据市场；另一方面，改进专利在实施时不受或可以较少受已有专利的制约。

参考文献

[1] 粉末冶金商务网. 崇义章源钨业股份有限公司［Z/OL］. http://www.hardalloy.com.cn/pm520/cp.html.

[2] 佚名. 刀具镀膜涂层技术的研究现状和发展趋势［Z/OL］.（2017-11-10）［2023-10-09］. http://www.prochina.com.cn/news/hangye/132.html.

深圳市坪山区集成电路产业
"双招双引"工作中专利分析评议报告

郑少金　苏颖君　孙　璁　赵　飞

广东省知识产权保护中心

第1章　坪山区集成电路产业知识产权分析评议项目需求分析

1.1　坪山区概况

2017年1月，深圳市坪山区正式成立。坪山区作为深圳最年轻的行政区，位于深圳东北部，地处深圳、东莞、惠州及河源、汕尾"3+2"经济圈地理中心位置，是粤港澳大湾区向东辐射的重要门户和广深港澳科技创新走廊的重要节点，被市委、市政府定位为深圳东部中心、深圳高新区核心园区以及深圳未来产业试验区。

坪山高新区是深圳国家高新区两大核心园区之一，规划建设面积达51.6平方千米，已拥有深圳国家生物产业基地、国家新能源（汽车）产业基地、国家新型工业化示范基地、深圳（坪山）综合保税区四块国家级"金字招牌"，为坪山的创新发展格局提供了有力支撑。[1]

1.2　坪山区产业发展背景

1.2.1　政策背景

2021年3月，经深圳市委、市政府审议批准《深圳市人民政府关于支持深圳国家高新区坪山园区建设世界一流高科技产业园区的意见》正式印发实施。这充分体现了在党中央坚强领导下，市委、市政府坚持以习近平新时代中国特色社会主义思想为指导，统筹推进疫情防控和经济社会发展两不误的政治担当以及化解疫情防控和复工复产"两难"为"两全"的治理能力。

2020年3月，深圳国家自主创新示范区领导小组设立深圳国家高新区坪山园区建设专项小组，统筹规划和部署坪山园区建设工作，集中资源，整合力量，主动作为。坪山高新区作为深圳高新区发展的"两核"之一，具有相对充裕的土地资源及优质的产业基础，高水平建设坪山高新区对于推动深圳市制造业由大变强的转型升级、引领高新技术产业再次腾飞和支撑国际科技创新中心建设具有重大意义。

2019年，党中央先后部署了粤港澳大湾区、中国特色社会主义先行示范区两个国家级的重大发展战略，要求深圳践行高质量发展要求，增强核心引擎功能，以国际科技创新中心为目标，深入实施新一轮创新驱动发展战略，加快构建具有全球竞争力的现代化经济体系。在此背景下，深圳市政府印发了《深圳国家高新区扩区方案》，将高新技术产业未来发展的坪山园区划入深圳国家高新区范围，加快形成"一区两核多园"的高新区总体布局。

1.2.2　产业背景

坪山区致力于围绕生物医药、新能源（汽车）、新一代信息技术及智能制造三大主导产业，打造新兴产业集群，作为实现产业转型升级的重要推手和实现跨越发展的重要保障。为全面提升发展能级，坪山规划建设的集成电路（第三代半导体）未来产业集聚区位于坪山高新区西部的核心区和东北部的拓展区，总规划用地面积5.09平方千米。集聚区将全面布局集成电路的设计、制造、封装、测试、装备材料及整机终端生产等领域，促进研发生产与应用反馈形成良性循环，打造世界知名的第三代半导体、集成电路产业集聚区。

在集成电路和第三代半导体产业方面，坪山区集聚了中芯国际、比亚迪（中央研究院）、昂纳科技等国内知名企业，又先后引进了金泰克、基本半导体、优仪半导体、拉普拉斯等重点企业，产业集聚渐成规模。此外，坪山区积极加强政策引导，在全市率先出台了《坪山区关于促进集成电路第三代半导体产业发展的若干措施》，多管齐下降低企业的生产经营成本，促进集成电路上下游企业加强互动与合作，推动形成产业链整合效应。

1.3　坪山区集成电路产业发展现状

1.3.1　园区产业定位

《深圳市人民政府办公厅关于在深圳国家自主创新示范区（深圳国家高新区）领导小组下设深圳国家高新区坪山园区建设专项小组的通知》正式下发，决定在深圳国家自主创新示范区（深圳国家高新区）领导小组下设深圳国家高新区坪山园区建设专项小组，由分管市领导担任组长，市直相关部门及坪山区共同作为成员单位。该文件的下发，意味着坪山高新区正式作为深圳国家高新区核心园区的定位，为全力打造高质量可持续发展的创新坪山指明了方向，也标志着坪山高新区"委区共建"跨入新时代。坪山高新区将培育发展更多高新技术企业，打造更多科技创新平台，促进产学研深度合作，对标荷兰埃因霍温等世界一流园区，以前瞻眼光、国际视野构建"1+N"宏观规划体系，努力在提升高新区功能品质上先试先行。

2019年4月23日，深圳市人民政府印发《深圳国家高新区扩区方案》，将位于坪山区东北部的坪山高新区列为深圳高新区两大核心园区之一，总规划面积由原来的11.52平方千米增加到51.6平方千米，是深圳高新区五大园区中面积最大的园区。从目前来看，坪山高新区依托国家生物产业基地、国家级新能源汽车产业基地、国家新型工业化产业示范基地、国家级出口加工区四块"金字招牌"，培育发展战略性新兴产业，形成了以生物医药、新一代信息技术、新能源汽车与智能网联三大主导产业为核心的产业集群，打造成为"总部+研发+生产基地"的现代高科技园区。

从坪山高新区扩容以来，升级改造了坪山高新区产学研基地和坪山高新区智能制造产业园等项目，通过"大兵团作战"和"先整备后统筹"并举，释放高新区南、北片区产业空间近5平方千米。与此同时，各类创新要素也加速在坪山聚集，坪山先后引进了蒙纳士科技转化研究院、北京理工大学深圳汽车研究院、清华大学深圳研究院超滑技术研究所、深圳市硬蛋信息技术有限公司、深圳湾实验室坪山生物医药研发转化中心等科技创新项目。

1.3.2 集成电路产业

坪山区集成电路和第三代半导体产业集聚了中芯国际、金泰克、基本半导体等多家核心企业，涵盖了半导体的设计、制造、测试等多个产业环节。坪山区集成电路和第三代半导体产业发展导向为集成电路、第三代半导体的设计、封装、测试、材料装备及整机终端生产等领域。

目前坪山区对集成电路产业已经制定了较为详细的发展规划，并开展了多项促进区域集成电路产业发展的专项工作（表1-1），为区域"双招双引"及企业发展提供了较大的政策与工作支持。

表1-1 专项工作列表

序号	类别	标题	摘要
1	活动	龙岗区科技创新局副局长曹伊鸿一行来访坪山区交流集成电路产业发展经验	2021年3月31日，龙岗区科创局副局长曹伊鸿一行来访，区工信局副局长刘耀煌及区科创局相关同事接待，双方就集成电路产业发展规划、企业服务、政策支持与执行等进行了交流
2	活动	坪山区工业和信息化局组织召开坪山区集成电路产业座谈会	为促进坪山区集成电路产业高质量发展，提升行业综合实力，坪山区工业和信息化局组织召开了坪山区集成电路产业座谈会，副区长陈华平同志参加会议。座谈会邀请了比亚迪、中芯国际等11家企业代表以及深圳技术大学、深圳市存储器行业协会专家参会

续表

序号	类别	标题	摘要
3	活动	坪山区2020年度集成电路第三代半导体政策宣讲会成功举办	由坪山区工业和信息化局、科技创新局主办，坪山区产业投资服务有限公司承办的坪山区2020年度集成电路第三代半导体政策宣讲会在创新广场三楼多功能会议室成功举办，共30家企业的50多位负责人参加会议
4	活动	坪山区区长李勇赴厦门海沧集成电路产业园考察	坪山区委副书记、区长李勇带队赴厦门海沧集成电路产业园考察，本次考察主要目的是考察士兰微电子、云天半导体和厦门半导体投资公司，了解海沧区集成电路产业发展情况
5	活动	陈华平副区长参加"坪山集成电路企业家月度交流会"活动	坪山区政府副区长陈华平参加了深圳坪安智慧园区运营服务公司与大湾区资本联合举办的"坪山集成电路企业家月度交流会"活动。活动邀请了深圳市集成电路产业协会以及中航国际投资公司、大湾区资本、芯海科技、芯派科技、南方集成、康云科技、弘光微电子、嘉合劲威、村田科技等行业内企业，探讨了促进坪山区集成电路发展的思路
6	进展	中芯国际集成电路制造（深圳）有限公司12英寸集成电路项目废水深度处理工程顺利完成	中芯国际集成电路制造（深圳）有限公司12英寸集成电路项目废水深度处理工程用于深度处理中芯国际12英寸项目产生的综合废水和含氟废水，主要建筑物为设备处理间、含氟废水处理系统、立体生态处理系统、中水回用水池、废水提升井、办公楼等
7	进展	坪山区发展和改革局调研中芯国际集成电路制造（深圳）有限公司	坪山区发展和改革局赴中芯国际集成电路制造（深圳）有限公司调研，全面直观地了解了公司的技术优势和主要产品。在调研座谈会上，中芯国际（深圳）杨成涛副总经理汇报了公司近年来的发展情况、发展前景以及因中美贸易摩擦所面临的机遇和挑战
8	政策	对新设立或新迁入坪山的集成电路企业的资助	对新设立或新迁入的设计、设备和材料类集成电路企业，设立或迁入后第一年或第一个会计年度内实缴资本超过2000万元的，对于新设立的企业，按照设立后第一年或第一个会计年度实缴资本的10%，给予每家企业最高500万元的资助；对于新迁入的企业，按照迁入后第一年或第一个会计年度追加实缴资本的10%，给予每家企业最高500万元的资助
9	政策	坪山区精准施策促进集成电路产业跨越式发展	坪山区精准施策，针对辖区集成电路企业齐聚的现状，出台了《坪山区关于促进集成电路第三代半导体产业发展的若干措施》（以下简称《措施》），切实推动坪山区集成电路产业的跨越式发展。该项《措施》适用对象为注册地在坪山区，且主营业务为集成电路、第三代半导体产业的企业或为其服务的企业、机构或组织
10	政策	关于集成电路设计和软件产业企业所得税政策的公告	依法成立且符合条件的集成电路设计企业和软件企业，在2018年12月31日前自获利年度起计算优惠期，第一年至第二年免征企业所得税，第三年至第五年按照25%的法定税率减半征收企业所得税，并享受至期满为止

续表

序号	类别	标题	摘要
11	政策	坪山区人民政府关于印发《坪山区关于促进集成电路第三代半导体产业发展的若干措施》的通知	根据《国家集成电路产业发展推进纲要》、《深圳市关于进一步加快软件产业和集成电路设计产业发展的若干措施》（深府〔2013〕99号）、《深圳市人民政府关于进一步降低实体经济企业成本的若干措施》（深府规〔2017〕10号）等有关规定，在《深圳市坪山区关于支持实体经济发展的若干措施》《深圳市坪山区关于加快科技创新发展的若干措施（2017—2020年）》基础上，特针对集成电路、第三代半导体产业制定相关措施
12	政策	坪山区科技创新局关于2019年公开遴选集成电路及人工智能类孵化器建设运营机构的通知	根据《深圳市坪山区加快推进孵化器建设的实施意见》（深坪府规〔2018〕7号）（以下简称《实施意见》）、《坪山区科技创新局关于印发〈深圳市坪山区2019年孵化器建设运营机构遴选办法〉的通知》（深坪科发〔2019〕3号）（以下简称《遴选办法》）的有关规定，坪山区科技创新局（以下简称科创局）公开遴选坪山区集成电路及人工智能类孵化器建设运营机构

1.4 坪山区集成电路产业分析评议需求

1.4.1 "双招双引"对象信息搜集及推荐

坪山区作为2016年新成立的国家级开发区，如何在电子半导体产业中快速精准地获取"双招双引"企业及人才，支撑实现区域产业规划目标、构建优势产业集群，成为开发区的首要重点工作。

因此，希望通过本项目对全球集成电路领域的专利信息情报的搜集、整理及分析，结合区域特点，为坪山区集成电路产业进行国内外重点招商引资、招才引智。

1.4.2 引进对象知识产权分析评价

集成电路产业是一个集合众多高精尖科技的知识密集型产业，技术门槛非常高，如何能够精准地甄别"双招双引"的技术研发实力成为该产业高质量发展的核心问题，这也给坪山区发展集成电路产业中的招商引资工作带来了极大的挑战。

在梳理推荐引进对象的基础上，本项目将对重点对象在技术方向、专利布局、核心发明人等维度进行知识产权评议分析，为后续"双招双引"相关工作提供知识产权维度的决策支撑。

1.4.3 集成电路产业发展规划建议

坪山区作为新成立的国家级高新区，如何发展集成电路产业、如何依照自身的情况确定优势产业方向，将是坪山区未来发展规划的重点工作内容。

本项目将从全球专利视角出发，梳理集成电路产业技术发展历程与目前发展现状，剖析国内外相关核心企业技术布局特点，进而为坪山区相关政府部门或企业提供信息支撑。

第 2 章　基于专利视角的坪山区产业专利信息检索与分析

2.1　专利信息检索简述

2.1.1　检索工具介绍

项目主要采用合享智慧（incoPat）专利检索数据库，同时采用 Patentics、pss-system 等其他数据库进行数据检索校验。

2.1.2　检索范围说明

区域范围：全球范围内的专利数据。

时间范围：全时间段的专利数据。

2.1.3　集成电路技术分类体系

集成电路或微电子（也称芯片）是在 20 世纪五六十年代发展起来的一种新型半导体器件。具体通过氧化、光刻、扩散、外延、蒸铝等半导体制造工艺，把构成具有一定功能的电路所需的半导体、电阻、电容等元件及它们之间的连接导线全部集成在一小块硅片上，然后焊接封装在一个管壳内。

芯片技术主要包括设计技术、制造技术和封装测试技术，技术难度主要体现在加工设备、加工工艺、封装测试、批量生产及设计创新等能力上。

集成电路产业链通常由芯片产品生产、芯片产品销售以及终端电子产品设计制造三个环节组成。芯片产品生产分为芯片设计、晶圆生产与加工、芯片封测（封装、测试）三个部分（图 2-1）。

1. 芯片设计

芯片设计领域在整个集成电路产业中属于高技术集成度的部分，这也决定了其对科研实力、研发水平会有较高要求，而设计水平的高低对最终产品的功能、性能和成本影响较大。因此，芯片设计领域对于集成电路产业的发展与进步至关重要。

2. 晶圆生产与加工

芯片设计完成后，由晶圆制造企业完成硅半导体电路所用的硅晶片制作，由芯片生产商依据设计版图进行掩膜制作步骤，在硅晶片上多次重复运用掺杂、沉积、蚀刻等步骤，最终在晶圆上实现复杂集成电路的批量制造。

3. 芯片封测

芯片晶圆生产完成后，通过晶圆检测步骤查验晶圆的电路功能和性能是否满足要求。而芯片封装则是将通过测试的晶圆进行切割、焊线、塑封，以防止物理损坏或化学芯片腐蚀，同时使芯片电路与外部器件实现电气连接。

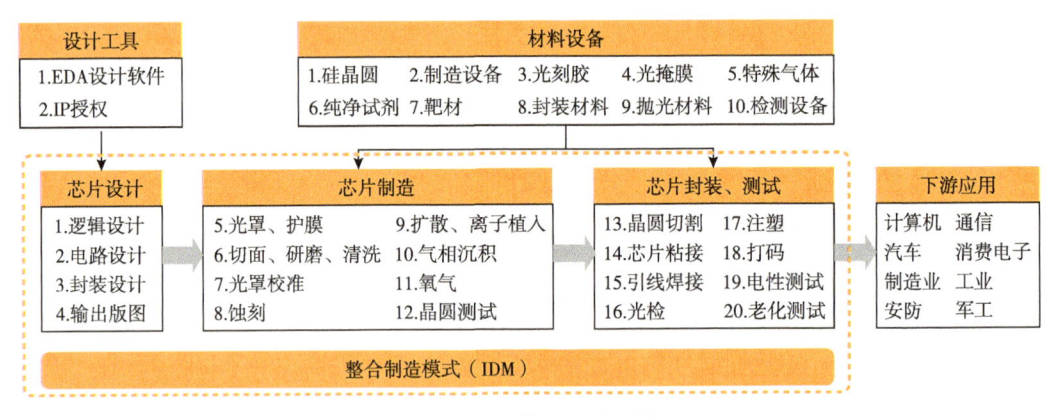

图 2-1 芯片行业产业链

根据上述工艺流程，结合相关论文研究成果以及市场调研结果，对集成电路产业上中下游进一步进行技术细分，见表 2-1。

表 2-1 集成电路产业各级技术节点

产业位置	一级节点	二级节点	三级节点	四级节点	五级节点
上游	集成电路设备	封装测试	划片机		
			分选机		
			剥膜机		
			引线键合机		
			自动光学检测设备		
			减薄机		
			封装机		
			切筋机		
			终测机		
			晶圆安装机		

续表

产业位置	一级节点	二级节点	三级节点	四级节点	五级节点
上游	集成电路材料	封装测试	贴膜机		
			探针台		
		晶圆制造	湿法刻蚀机		
			等离子刻蚀机		
			扩散炉		
			RTP 设备		
			气相外延炉		
			化学气相沉积设备		
			物理气相沉积设备		
			离子注入机		
			原子层沉积设备		
			光刻机		
			涂胶显影机		
			化学机械抛光机		
			去胶机		
			激光退火设备		
			集成电路检测设备		
		单晶硅制片	化学机械抛光机（CMP）		
			截断机		
			滚圆机		
			单晶炉		
			电子材料切片机		
		封装材料	集成电路切割设备		
			引线框架		
			封装基板		
			陶瓷封装器件		
			粘接材料		
			键合丝		
		基体材料	化合物集成电路	氮化镓	
				碳化硅	
				砷化镓	
			单晶硅片		

续表

产业位置	一级节点	二级节点	三级节点	四级节点	五级节点
上游	集成电路材料	制造材料	光刻胶	ARF 光刻胶	
				KRF 光刻胶	
				聚酰亚胺光刻胶	
				G/I 线	
				掩膜版光刻胶	
			CMP 抛光材料	CMP 抛光液	
				CMP 抛光垫	
				CMP 抛光材料	
			湿电子化学品	配套试剂	刻蚀液
					显影液
					剥离液
				化学品	电子级丙酮
					电子级硫酸
					电子级双氧水
					电子级盐酸
					电子级氢氟酸
					电子级氢氧化钠/钾
					电子级磷酸
					电子级氨水
					电子级氢氧化铵
					电子级乙醇
					电子级硝酸
					超高纯试剂
			光掩膜板	掩膜基板	
				法兰	
				石英管	
				石英钟罩	
			电子特种气体	电子级乙硅烷	
				电子级二氯二氢硅	
				电子级氯气	
				电子级四氟化碳	
				电子级氧气	
				电子级硅烷	

续表

产业位置	一级节点	二级节点	三级节点	四级节点	五级节点
上游	集成电路材料	制造材料	电子特种气体	电子级砷化氢	
				电子级笑气	
				电子级氨气	
				电子级六氟乙烷	
				电子级三氯化硼	
				电子级氩气	
				电子级磷化氢	
				电子级四氯化硅	
				电子级二氯乙烯	
				电子级氯化氢	
				电子级硼烷	
				电子级氢气	
			集成电路靶材	超高纯度铜	
				超高纯度铝	
				超高纯度镍	
				超高纯度金	
				超高纯度钛	
				超高纯度铬	
				超高纯度钽	
中游	集成电路产品	集成电路芯片	数字芯片	MOS 微器件	DSP 微器件
					MCP 微器件
					MCU 微器件
					MPU 微器件
				存储器	SRAM 存储器
					EPROM 存储器
					DRAM 存储器
					FLASH 存储器
				数字逻辑 IC	GPU
					ASIC
					CPU
					FPGA

续表

产业位置	一级节点	二级节点	三级节点	四级节点	五级节点
中游	集成电路产品	集成电路芯片	模拟芯片	专用模拟芯片	生物芯片
					射频芯片
					5G 芯片
					显示驱动芯片
				通用模拟芯片	
	集成电路生产	集成电路设计	EDA 软件		
			芯片设计		
		集成电路制造	集成电路制造工艺		
			集成电路制造设备		
			集成电路封装		
			集成电路测试		
下游	笔记本电脑				
	智能电视				
	平板电脑				
	手机终端				
	车载系统				
	可穿戴设备				

2.1.4 检索式示例

根据半导体集成电路领域的技术分类，对全球专利数据进行检索。主要检索式（示例）见表 2-2。

表 2-2 半导体集成电路领域技术分类检索式

一、集成电路总检索式（部分）
（（（tiab＝集成电路 or integrated circuit）or（tiabc＝集成电路 or integrated circuit）and（tiabc＝微芯片 or 微电路 or 电路芯片 or 存储器芯片 or 射频电路 or 数字电路 or 模拟电路 or 存储电路 or 逻辑芯片 or 模拟芯片 or 模拟芯片））or（（tiabc＝集成电路 or integrated circuit）and tiabc＝（TTL or MOS or CMOS ECL or LNA or HTL or LST-TL or STTL or LST-TL or I2L or DCTL or RTL or VTL or EFL or CTL or C3L or CHL or TSL or NTL or 晶体管 or transistor or 三极管 or audion or 发射极耦合 or 二极管 or diode or 合并晶体管 or 互补晶体管））or（tiab＝（ULSI or VLS or LSI or MSI or SSI or Giga Scale Integration or GSI or 小规模集成电路 or small scale integrated circuitor 中规模集成电路 or Medium scale integrated circuitor 大规模集成电路 or large scale integrated circuit or 超大规模集成电路 or super-large-scale integration or 特大规模集成电路 or Ultra Large Scale Integrated circuits or super-large scale integration））or（tiab＝（运算放大器 or Operational amplifier or 相乘器 or multiplier or 锁相环路 or phase-lock loop or 有源滤波器 or active filter or 数-模变换 or 模-数变换 or 专用型电路 or Special circuitor 单片集成系统 or Monolithic integrated system or 放大器 or amplifier or 滤波器 or filter or rejector or 反馈电路 or feedback circuit or reactive circuit or 基准源电路 or " reference circuit" or 开关电容电

续表

路 or 高性能分立器件 or "high performance discrete devices" or 模数混合电路 or mixed-signal circuits or SOC or System on Chip or 系统芯片 or 比较器 or comparator or 锁相环 or Phase-locked loop or ADC/DAC or 收发模块 or receiving and dispatching module)）) and (ipc-main=(G or H)) or (((tiab=集成电路 or integrated circuit) or (tiabc=集成电路 or integrated circuit) and (tiabc=微芯片 or 微电路 or 电路芯片 or 存储器芯片 or 射频电路 or 数字电路 or 模拟电路 or 存储电路 or 逻辑芯片 or 模拟芯片 or 模拟芯片)) or ((tiabc=集成电路 or integrated circuit) and tiabc=(TTL or MOS or CMOS ECL or LNA or HTL or LST-TL or STTL or LST-TL or I2L or DCTL or RTL or VTL or EFL or CTL or C3L or CHL or TSL or NTL or 晶体管 or transistor or 三极管 or audion or 发射极耦合 or 二极管 or diode or 合并晶体管 or 互补晶体管)) or (tiab=(ULSI or VLS or LSI or MSI or SSI or Giga Scale Integration or GSI or 小规模集成电路 or small scale integrated circuitor 中规模集成电路 or Medium scale integrated circuitor 大规模集成电路 or large scale integrated circuit or 超大规模集成电路 or super-large-scale integration or 特大规模集成电路 or Ultra Large Scale Integrated circuits or super-large scale integration)) or (tiab=(XXXXXX)
二、设计（部分）
(((((tiab=集成电路 or "integrated circuit") or (tiabc=集成电路 or "integrated circuit") and (tiabc=微芯片 or 微电路 or 电路芯片 or 存储器芯片 or 射频电路 or 数字电路 or 模拟电路 or 存储电路 or 逻辑芯片 or 模拟芯片 or 模拟芯片)) or ((tiabc=集成电路 or "integrated circuit") and tiabc=(TTL or MOS or CMOS ECL or LNA or HTL or LST-TL or STTL or LST-TL or I2L or DCTL or RTL or VTL or EFL or CTL or C3L or CHL or TSL or NTL or 晶体管 or "transistor" or 三极管 or "audion" or 发射极耦合 or 二极管 or diode or 合并晶体管 or 互补晶体管)) or (tiab=(ULSI or VLS or LSI or MSI or SSI or Giga Scale Integration or GSI or 小规模集成电路 or "small scale integrated circuit" or 中规模集成电路 or "Medium scale integrated circuit" or 大规模集成电路 or "large scale integrated circuit" or 超大规模集成电路 or "super-large-scale integration" or 特大规模集成电路 or "Ultra Large Scale Integrated circuits" or "super-large scale integration")) or (tiab=(运算放大器 or "Operational amplifier" or 相乘器 or "multiplier" or 锁相环路 or "phase-lock loop" or 有源滤波器 or "active filter" or 数-模变换 or 模-数变换 or 专用型电路 or "Special circuit" or 单片集成系统 or "Monolithic integrated system" or 放大器 or "amplifier" or 滤波器 or "filter" or "rejector" or 反馈电路 or "feedback circuit" or "reactive circuit" or 基准源电路 or "reference circuit" or 开关电容电路 or 高性能分立器件 or "high performance discrete devices" or 模数混合电路 or "mixed-signal circuits" or SOC or "System on Chip" or 系统芯片 or 比较器 or comparator or 锁相环 or "Phase-locked loop" or ADC/DAC or 收发模块 or "receiving and dispatching module")))) and (des=XXXXXX)

2.2 坪山区科技产业及集成电路产业专利分析

2.2.1 坪山区科技产业专利发展总体情况

截至2023年6月初，坪山区共有各类型专利81098件，具体专利情况如图2-2所示。

· 105 ·

图 2-2 坪山专利占比分布

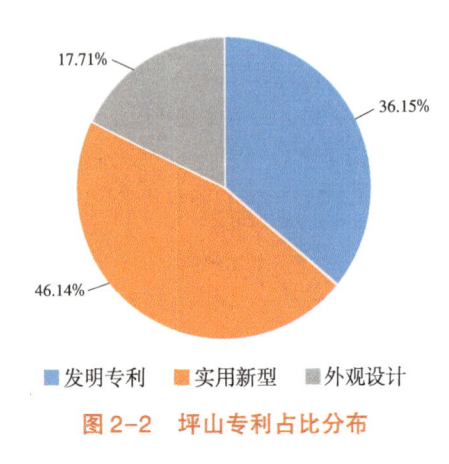

实用新型是目前坪山区专利申请量最大的类型，占比达到了 46.14%，发明专利占比为 36.15%，其中，发明授权 11256 件。

1）国民经济分类专利统计分析：仪器仪表制造业占比较大。

透过专利数据分析坪山区当前在国民经济各领域专利布局的情况，进而从专利视角反映坪山区在科技创新领域的产业方向上的发展态势。（国民经济分类检索参考《国际专利分类与国民经济行业分类参照关系表（2018）》）

项目周期分为 2011—2015 年、2016—2020 年、2021 年至今。2021 年及以后数据，由于发明专利数据公开存在滞后性，会较实际数量偏低，对比坪山区专利申请量排名前 10 位的国民经济分类（大类）的变化情况，分析坪山区企业专利发展方向，具体数据见表 2-3。

表 2-3 国民经济行业分类对比

2011—2015 年	
国民经济行业分类（大类）	专利数量/件
C40（仪器仪表制造业）	6127
C43（金属制品、机械和设备修理业）	5453
C38（电气机械和器材制造业）	2900
O81（机动车、电子产品和日用产品修理业）	2757
C34（通用设备制造业）	2700
C35（专用设备制造业）	2569
C39（计算机、通信和其他电子设备制造业）	2386
C36（汽车制造业）	1249
C30（非金属矿物制品业）	859
C42（废气资源综合利用业）	730

续表

2016—2020 年	
国民经济行业分类（大类）	专利数量/件
C40（仪器仪表制造业）	21341
C43（金属制品、机械和设备修理业）	18592
C35（专用设备制造业）	10005
C34（通用设备制造业）	9854
O81（机动车、电子产品和日用产品修理业）	9071
C38（电气机械和器材制造业）	8186
C39（计算机、通信和其他电子设备制造业）	5946
C36（汽车制造业）	4607
C42（废气资源综合利用业）	2941
C37（铁路、船舶、航空航天和其他运输设备制造业）	2754
2021 年至今（2023 年 6 月）	
国民经济行业分类（大类）	专利数量/件
C40（仪器仪表制造业）	13089
C43（金属制品、机械和设备修理业）	11606
C35（专用设备制造业）	6919
C34（通用设备制造业）	6842
O81（机动车、电子产品和日用产品修理业）	6105
C38（电气机械和器材制造业）	5409
C39（计算机、通信和其他电子设备制造业）	3879
C42（废气资源综合利用业）	1954
C33（金属制造业）	1822
C36（汽车制造业）	1590

从表 2-3 可以看出，仪器仪表制造业一直是坪山区重点发展的产业，该领域的专利申请量遥遥领先其他领域。金属制品、机械和设备修理业的专利数量则保持在坪山区专利申请数量第 2 位。而近几年来，专用设备制造业的专利申请量超过了电气机械和器材制造业，攀升至第 3 位。

机动车、电子产品和日用产品修理业则是坪山区专利申请数量前 10 位中唯一不属于制造业的国民经济行业分类，但占比有所下降，已经从第 4 位降至第 5 位。废弃资源综合利用业的占比稳步递增，金属制造业发展较为快速，目前已经跻身前 10 名。

2）战略性新兴产业专利统计分析：新一代信息技术与新能源汽车产业占比较大。

如图 2-3 所示，通过专利数据分析坪山区当前在战略性新兴产业发明专利布局的情况，进而从专利视角反映坪山区在科技创新领域的产业方向上的发展态势。（战略性新兴产业分类检索参考《战略性新兴产业分类与国际专利分类参照关系表（2021）（试行）》）

图 2-3 坪山区战略性新兴产业发明专利统计数据

和国民经济分类体系有所差异的是，从战略性新兴产业角度进行专利数据的统计，新一代信息技术产业与新能源汽车产业成为占比较大的两个产业，随后是新材料产业。

3）技术研发型配套企业集聚：集成电路产业初步具备发展基础。

通过对国民经济分类及战略性新兴产业两个维度进行专利数据统计分析可知，坪山区在信息技术、汽车制造以及高端装备等产业方向已经初步形成技术研发型企业集聚。这为集成电路产业发展奠定了一定的下游产业拓展基础。

进一步对坪山区在集成电路下游的相关企业进行专利信息检索，部分重点产业配套企业信息见表 2-4。

表 2-4 坪山区集成电路下游相关企业

企业名称	企业类型	企业介绍
比亚迪股份有限公司	汽车制造	比亚迪成立于 1995 年 2 月，经过 20 多年的高速发展，已在全球设立 30 多个工业园，实现全球六大洲的战略布局。比亚迪业务布局涵盖电子、汽车、新能源和轨道交通等领域，并在这些领域发挥着举足轻重的作用，从能源的获取、存储到应用，全方位构建零排放的新能源整体解决方案。比亚迪是香港和深圳上市公司，营业额和总市值均超过千亿元

续表

企业名称	企业类型	企业介绍
深圳市宝尔爱迪科技有限公司	智能设备	深圳市宝尔爱迪科技有限公司，英文名"POWER IDEA TECHNOLOGY (SHEN ZHEN) CO., LTD."，于2010年在具有"电子之都"美称的深圳正式成立，其前身为2006年成立的HONG KONG POWER IDEA LIMITED，经营全球的专业户外运动手机品牌"RugGear 朗界"，是朗界品牌大中华区的销售运营中心，也是其全球业务运营中心
深圳市鸿合创新信息技术有限责任公司	智能设备	鸿合科技（beijing honghe technology），自1990年成立以来，专注于多媒体视讯（AV）行业的产品推广普及、系统集成与技术研发，是一家以贸、工、技三足鼎立为基础架构，坐拥全国30多个分支机构，以及国内外100多家核心经销商和300多家代理商的跨国型高科技企业
深圳市中易通安全芯科技有限公司	智能设备	中易通网络于2006年4月成立，中易通安全芯于2016年5月成立，自成立起就专注于信息安全加密芯片的研发与推广，不断为客户提供信息安全解决方案。通过以自主研发的安全加密芯片为载体，重点拓展通信、智能移动终端、金融安全支付、物联网等行业应用，成为行业应用引领者。积极参与推动"自主可信、安全可控"的信息安全产业发展
深圳罗马仕科技有限公司	智能设备	该公司隶属于七千猫集团，七千猫集团是一家以3C数码产业为核心的创新型高新技术企业，致力于为全球消费者及企业客户提供有竞争力的产品和服务，依托全球供应链资源和庞大的数据平台，打造世界级电子消费产品生态圈
深圳光韵达光电科技股份有限公司	智能设备	深圳光韵达光电科技股份有限公司——激光智能制造解决方案与服务提供商，于2011年6月8日在深圳证券交易所创业板成功上市，股票代码为300227。公司利用"精密激光技术"+"智能控制技术"突破传统生产方式，实现产品的高精密、高集成及个性化，为全球制造业提供全种类的精密激光制造服务和全面创新解决方案
深圳华一汽车科技有限公司	汽车制造	深圳华一汽车科技有限公司是一家集研发、营销、制造、服务于一体的港资国家高新技术企业，专注于研发汽车智能驾驶座舱、车联网、智能交通整体解决方案及相关产品，旨在帮助整车企业在未来的智能汽车和新能源汽车领域处于领先地位
深圳多特医疗技术有限公司	智能设备	深圳多特医疗技术有限公司成立于2013年，生产地址位于深圳市坪山区国家生物产业基地，是一家高科技医疗设备及医疗信息化软件研发制造厂商，主要发展方向为物联网+移动医疗、智能硬件
深圳巴斯巴科技发展有限公司	汽车制造	深圳巴斯巴科技发展有限公司以高压大电流端子技术和精密模具制造技术为核心，不断提升连接器、母排、充电枪/座、PDU、电机控制器、高压线束等高压连接关键部件的尖端研发、制造能力，全面拓展电动汽车高压连接部件的开发
深圳市乐凡信息科技有限公司	智能设备	乐凡（Livefan）信息科技有限公司成立于2009年，现总部位于中国深圳。乐凡团队在Intel架构终端产品方面耕耘8年，目前专注行业移动终端定制，拥有自主品牌"乐凡Livefan"，在Windows平板领域具有领导地位

续表

企业名称	企业类型	企业介绍
深圳市创凯智能股份有限公司	智能设备	深圳市创凯智能股份有限公司（Shenzhen Createk Intellitech Co., Ltd.）是一家集软硬件研发、生产和销售于一体，致力于智慧教育产品解决方案和音视频图像控制处理解决方案的国家级高科技公司
深圳市创智成科技股份有限公司	智能设备	深圳市创智成科技股份有限公司成立于2006年，以创新为核心，研发出自主知识产权抗恶劣环境计算机产品；是一家优秀的集计算机研究、开发、制造、销售和系统整合于一体的高科技企业；以其精湛的技术、优秀的品质和快速的响应能力成为行业内的知名企业
深圳市沃特玛电池有限公司	汽车制造	深圳市沃特玛电池有限公司，成立于2002年，位于深圳市坪山新区，成功研发磷酸铁锂新能源汽车动力电池、汽车启动电源、储能系统解决方案并率先实现规模化生产和批量应用磷酸铁锂电池
深圳市金源康实业有限公司	汽车制造	金源康深圳/惠州实业有限公司，成立于1999年，是大型的电镀加工表面处理企业。公司目前拥有40000多平方米的标准化厂房，先进的全自动电镀生产线5条，万级无尘真空电镀线2条，其中有配套的汽车零配件电镀专线、无镍电镀专线、纳米电镀专线、五金电镀线、EN化镀线和其他配套设备；以及注塑机50多台（其中双色成型机7台，立式注塑机5台）、镭雕机10多台（其中4台3D镭雕机）、移印机20多台，环保防尘喷涂线两条
深圳市麦积电子科技有限公司	汽车制造	深圳市麦积电子科技有限公司成立于2013年，是一家集研发、生产、销售于一体的国家级高新技术企业。公司总部位于深圳市坪山区，在武汉光谷另设有芯片研发中心，在深圳市福田区设有财务管理中心。公司一直专注于车用集成电路、电子产品的开发与设计，以及相关汽车电子产品方案的开发并提供服务
深圳明智超精密科技有限公司	智能设备	深圳明智超精密科技有限公司成立于2002年，坐落于深圳市坪山区六和社区飞西第二工业区明智产业园，占地面积50000平方米，属民营高科技企业，从事精密模具、光学及新能源类、精密电子/五金产品、医疗器械产品、可穿戴智能产品及智能飞控产品等方面业务，公司集研发、设计、制造、销售和服务于一体，客户遍及国内外
深圳极光王科技股份有限公司	智能设备	深圳极光王科技股份有限公司成立于2009年6月，简称"极光王"，英文"Kingaurora"，是一家专业从事LED发光二极管封装、LED户内外显示屏应用研发、生产、销售的国家高新技术企业。公司为全球LED系统集成商、销售与工程公司、广告传媒等各类应用企业提供专业的LED显示屏产品及系统技术解决方案，并提供完善的配套服务。公司于2017年3月成功登陆新三板

续表

企业名称	企业类型	企业介绍
深圳莱必德科技股份有限公司	智能设备	深圳莱必德科技股份有限公司成立于2009年，是一家专业集设计研发、生产销售石墨烯、导热散热、导电屏蔽及胶黏材料于一体的企业，在消费类电子行业领域有领先的技术，产品广泛应用于新能源汽车、LED半导体（LED汽车灯具、LED户外灯具、LED影视灯具等系列）、通信（手机、平板、笔记本）、家用电器（电视机、音响功放、冰箱、空调）、功率模块、集成电路、仪器仪表、医疗及其他高级电子装置等；材料分别有石墨烯材料（石墨烯喷涂溶液、石墨烯散热膜）、导热材料（导热硅胶片、导热硅脂、导热凝胶、导热双面胶）、散热材料（纳米碳铜箔、纳米碳铝箔、人工石墨片、天然石墨片）、导电屏蔽材料（导电铜箔、导电铝箔、导电布、导电泡棉）等，并提供产品设计及解决方案
深圳雷柏科技股份有限公司	智能设备	深圳雷柏科技股份有限公司，自2002年成立之初，雷柏便以"无线化"为使命，持续拓展无线生活应用场景，业务涵盖鼠标、键盘、音箱、耳机、手柄等计算机外设产品，以技术研发为核心，以市场需求为指引，以用户体验为宗旨，再辅以雷柏机器人自动化生产体系的精工品质，致力于为消费者打造有趣友好的产品体验

从表2-4中数据可以看出，坪山区已经具备一定的集成电路产业相关企业聚集态势，能够为后续集成电路在中上游的产业发展提供基础。

2.2.2 坪山区集成电路产业专利总体情况

1. 产业专利情况分析

1) 上中游研发能力相对较弱。对坪山区集成电路产业中的各个产业节点环节进行分别检索统计，共得到在上中游的发明、实用新型专利578件，具体的上中游产业节点专利申请量分布情况如图2-4所示。

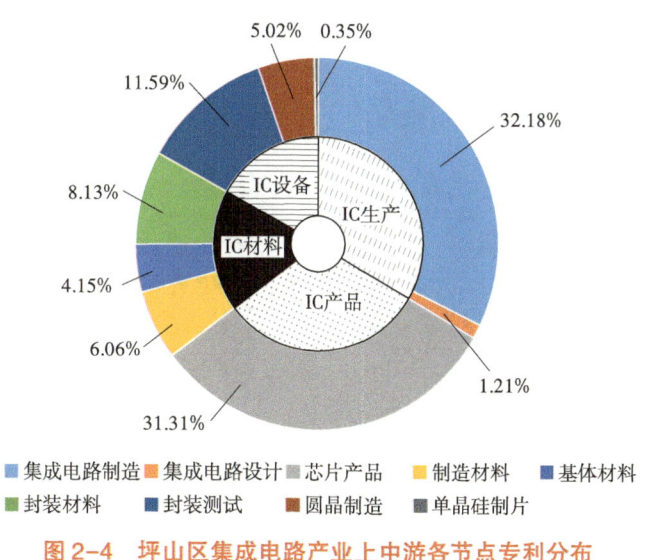

图2-4 坪山区集成电路产业上中游各节点专利分布

整体上，坪山区在集成电路产业领域，制造工艺及方法、芯片相关产品两个产业细分方向属于产业优势环节，原材料、制造设备等环节是弱势环节。

从表 2-5 中的数据可以看出，目前坪山区集成电路在上中游的专利布局较薄弱，这也从一定程度上反映其在集成电路产业中游处于发展的短板。

表 2-5　上中游节点详细专利数据

产业位置	一级节点	二级节点	专利数量/件
上游	集成电路设备	封装测试	67
		晶圆制造	29
		单晶硅制片	2
	集成电路材料	封装材料	47
		基体材料	24
		制造材料	35
中游	集成电路产品	芯片产品	181
	集成电路生产	集成电路设计	7
		集成电路制造	186

尤其是在上游，无论是在集成电路制造设备还是材料上都很薄弱。这也是由于全国的集成电路产业在上游均处于发展比较缓慢的整体阶段。而上游的几个二级技术分支中，相比于晶圆制造、单晶硅制片、基体材料、制造材料，封装测试与封装材料的专利布局数量较多，在一定程度上反映了该区的企业分布情况与研发方向。在中游环节，一方面在集成电路设计分支中，专利布局数量仍有空白，但芯片产品与集成电路制造分支相对还有部分的专利布局基础，这也与坪山区在集成电路产业下游存在一定基础是密不可分的。

坪山区集成电路上中游主要企业专利布局名单见表 2-6。

表 2-6　坪山区集成电路中上游主要企业专利布局名单

集成电路设备	封装测试	深圳格兰达智能装备股份有限公司
		深圳市特斯特半导体设备有限公司
		格兰达技术（深圳）有限公司
		比亚迪股份有限公司
		深圳市长方集团股份有限公司

续表

集成电路设备	晶圆制造	深圳市拉普拉斯能源技术有限公司
		比亚迪股份有限公司
		深圳市爱仕特科技有限公司
		深圳技术大学
		深圳市长方集团股份有限公司
集成电路材料	封装材料	深圳基本半导体有限公司
		深圳市云潼科技有限公司
		昂纳信息技术（深圳）有限公司
		比亚迪股份有限公司
		华源智信半导体（深圳）有限公司
	基体材料	比亚迪股份有限公司
		深圳市晶相技术有限公司
		深圳基本半导体有限公司
		深圳市深源动力高纯硅技术有限公司
	制造材料	比亚迪股份有限公司
		深圳新宙邦科技股份有限公司
		清溢精密光电（深圳）有限公司
		中芯国际集成电路制造（深圳）有限公司
		深圳市拉普拉斯能源技术有限公司
集成电路产品	芯片产品	比亚迪股份有限公司
		深圳市金泰克半导体有限公司
		深圳市融讯视通科技有限公司
		深圳君正时代集成电路有限公司
		深圳市创联智控新能源有限公司
		深圳市帝麦德斯科技有限公司
		深圳芯邦科技股份有限公司
		深圳协同创新高科技发展有限公司
		深圳市光韵达增材制造研究院
		深圳市华美兴泰科技有限公司
		深圳市华美兴泰科技股份有限公司
		深圳市呈仪科技有限公司
		深圳市新格林耐特通信技术有限公司
		深圳市晶泓科技有限公司
		深圳市梅丽纳米孔科技有限公司

续表

集成电路产品	芯片产品	深圳市泰祺科技有限公司
		深圳市理邦精密仪器股份有限公司
		深圳市车宝汇科技有限公司
		深圳技术大学
		深圳无微华斯生物科技有限公司
		深圳金茂电子有限公司
		深圳雷柏科技股份有限公司
		深圳青铜剑技术有限公司
		深圳青铜剑科技股份有限公司
		纳达生物科技公司
集成电路生产	集成电路设计	深圳市拉普拉斯能源技术有限公司
		深圳市晶相技术有限公司
		深圳市英内尔科技有限公司
	集成电路制造	比亚迪股份有限公司
		昂纳信息技术（深圳）有限公司
		格兰达技术（深圳）有限公司
		深圳杰微芯片科技有限公司
		深圳格兰达智能装备股份有限公司
		深圳青铜剑科技股份有限公司
		深圳市东升塑胶制品有限公司
		深圳市德铭祺电子科技有限公司
		深圳市麦捷微电子科技股份有限公司
		华源智信半导体（深圳）有限公司
		派克微电子（深圳）有限公司
		深圳市麦高锐科技有限公司
		深圳比亚迪微电子有限公司
		深圳泰思特半导体有限公司
		中芯国际集成电路制造（深圳）有限公司
		广微集成技术（深圳）有限公司
		深圳市共进电子股份有限公司
		深圳市大族激光科技股份有限公司
		深圳市拉普拉斯能源技术有限公司
		深圳市晶相技术有限公司
		深圳市汇春科技有限公司

续表

集成电路生产	集成电路制造	深圳市英内尔科技有限公司
		深圳市长方集团股份有限公司
		深圳市鹏大光电技术有限公司
		深圳市龙晶微电子有限公司
		深圳极光王科技股份有限公司
		深圳汇芯生物医疗科技有限公司
		深圳金茂电子有限公司
		深圳青铜剑电力电子科技有限公司
		连展科技（深圳）有限公司

2）下游产业基础相对较强。目前在下游，坪山区共申请了发明及实用新型专利726件，相比上中游产业的专利布局方面的薄弱情况而言，下游应用的研发能力明显更强。

具体下游各个产业节点的数据情况如图2-5所示。

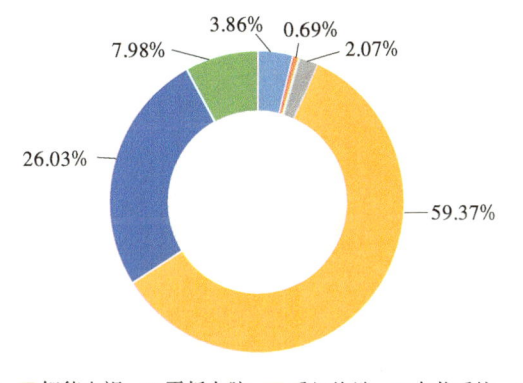

图 2-5　坪山区集成电路产业下游各节点专利分布

笔记本电脑 3.86%　智能电视 0.69%　平板电脑 2.07%　手机终端 59.37%　车载系统 26.03%　可穿戴设备 7.98%

下游产业节点详细专利数据情况见表2-7。

表 2-7　下游产业节点专利数据

产业位置	一级节点	专利数量/件
下游	笔记本电脑	28
	智能电视	5
	平板电脑	15
	手机终端	431
	车载系统	189
	可穿戴设备	58

从表 2-7 可以看出，坪山区在集成电路下游应用的专利布局方向中，手机终端是目前专利布局最多的下游应用领域，基本占比达下游总量的 59.37%。这也与坪山区承载了深圳电子终端设备部分产业转移存在一定关联。

其次是车载系统的应用，专利布局数量也占据了超 1/4 的比例。由于坪山区的汽车产业龙头企业比亚迪的存在，因此其在专利布局方面侧重于车载系统的集成电路应用需求。

2. 产业专利发展趋势

1）专利布局上升趋势明显。自 2008 年以来，坪山区在集成电路领域的专利布局开始呈上升趋势。特别是坪山国家级高新区于 2016 年成立后，专利申请量进入了快速成长期。具体趋势如图 2-6 所示。

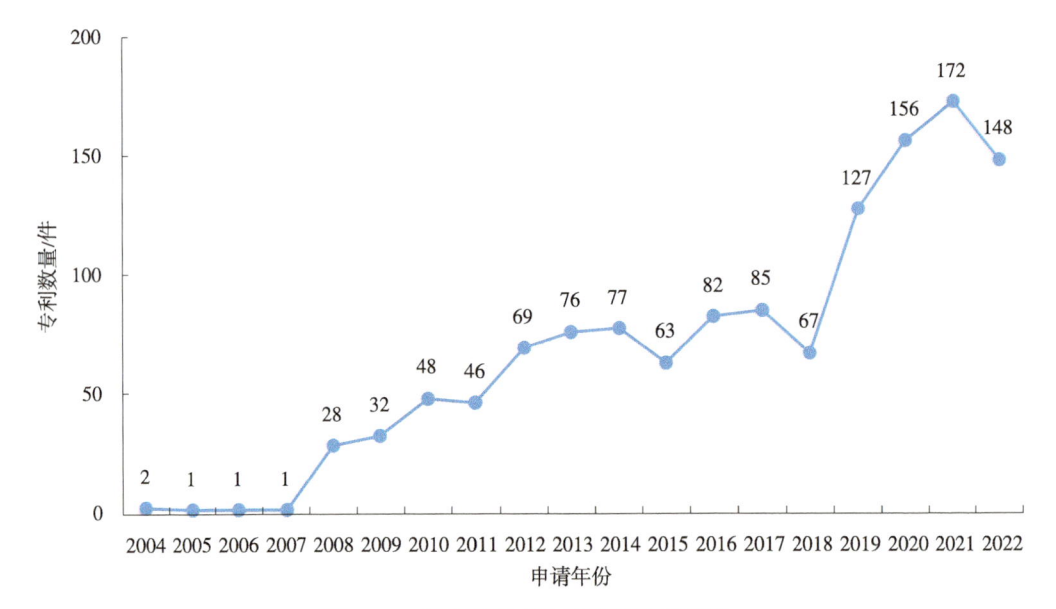

图 2-6 坪山区集成电路专利申请趋势

2）专利技术进入快速发展期。通过统计专利申请人和专利数量之间的关系（图 2-7），能够从一定程度上反映出坪山区在集成电路发展历程上经历了 2008—2013 年的起步期、2014—2018 年的调整期，目前阶段进入快速发展期。

图 2-7　坪山区集成电路产业专利申请人及专利数量趋势

3）专利申请量方面，比亚迪成为支柱。在申请人层面，比亚迪成为区域集成电路产业申请量最大的企业，占整体比例40.09%，其余企业专利申请量相对比较均衡，具体申请人主体数据情况如图2-8所示。

申请人	专利申请数量占比/%
比亚迪股份有限公司	40.09
深圳基本半导体有限公司	2.55
深圳格兰达智能装备股份有限公司	2.17
深圳技术大学	1.63
深圳市豪恩声学股份有限公司	1.47
深圳市拉普拉斯能源技术有限公司	1.39
昂纳信息技术（深圳）有限公司	1.24
深圳市金泰克半导体有限公司	1.08
深圳市沃特玛电池有限公司	1.08
深圳杰微芯片科技有限公司	0.70

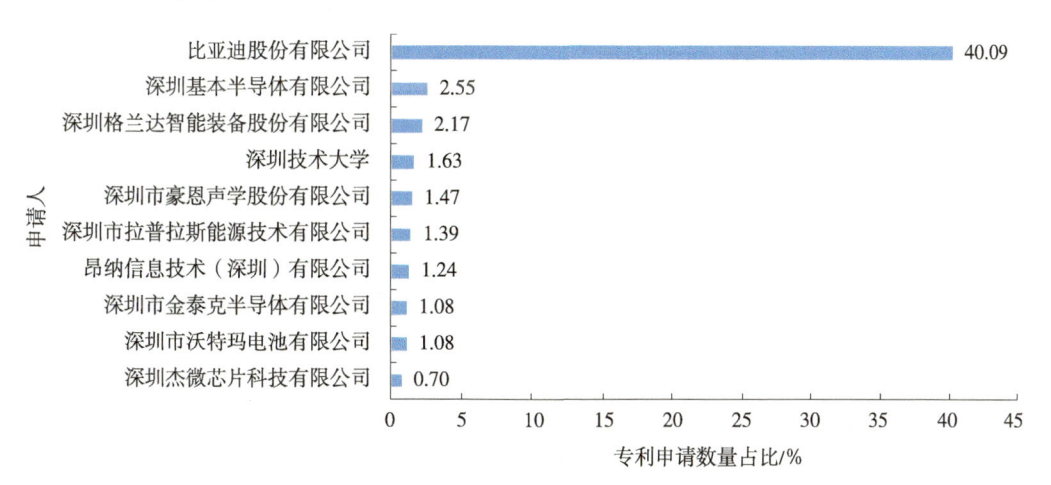

图 2-8　集成电路产业专利数量排名前10位的申请人

3. 产业专利技术分析

对专利的IPC进行统计，其中H01L领域（半导体器件）专利布局最多，超过了20%。其余的都集中在各种集成电路的应用领域。具体的专利技术构成布局如图2-9所示。

图 2-9 坪山区集成电路专利 IPC 布局

具体 IPC 统计信息数据如表 2-8 所示。

表 2-8 坪山区集成电路产业 IPC 数量分布

IPC 分类号（小类）	专利数量/件
H01L 半导体器件	291
H04M 电话通信	131
G06F 电数字数据处理	123
H02J 供电或配电的电路装置或系统	75
H04R 扬声器、传声器、唱机拾音器或其他声-机电传感器	60
H05K 印刷电路	54
H01Q 天线，无线电天线	50
G01R 测量电变量；测量磁变量	48
H04W 无线通信网络	48
H04L 数字信息的传输	46

4. 产业专利法律情况分析

1）总体授权率较高。统计坪山区专利法律状态（图 2-10）可以发现，目前坪山区集成电路领域的授权专利比例较高，达到 55.50%，而驳回比例不到 10%，整体专利质量较高。

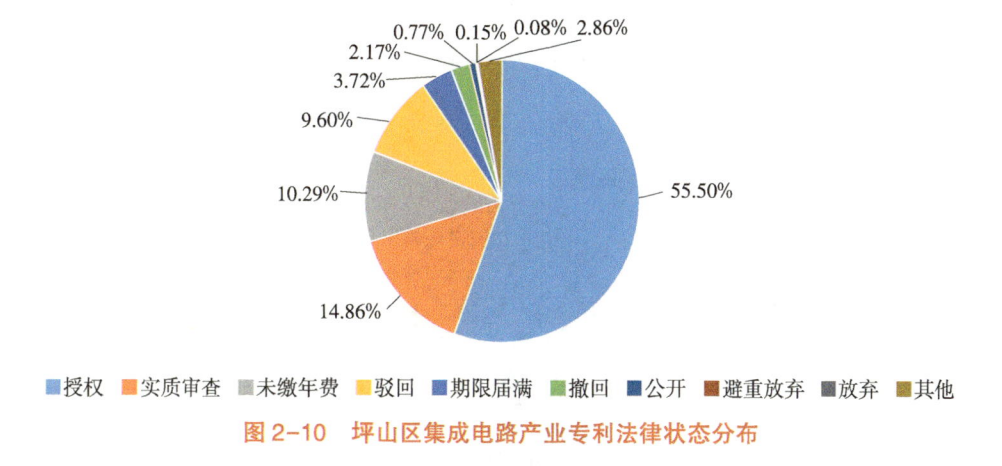

深圳市坪山区集成电路产业"双招双引"工作中专利分析评议报告

图 2-10 坪山区集成电路产业专利法律状态分布

2）专利有效率稳中有升。目前坪山区集成电路领域的发明专利平均授权率接近80%。专利有效率是指获得授权的专利处于有效状态的比例。申请人持续维持专利有效，尤其是维持年限超 10 年，在一定程度上可以反映出该专利对于申请人具备较高价值，也可见区域专利申请质量相对较高。2013 年后，坪山区集成电路产业专利有效率持续走高，呈现波动上升的态势，如图 2-11 所示。

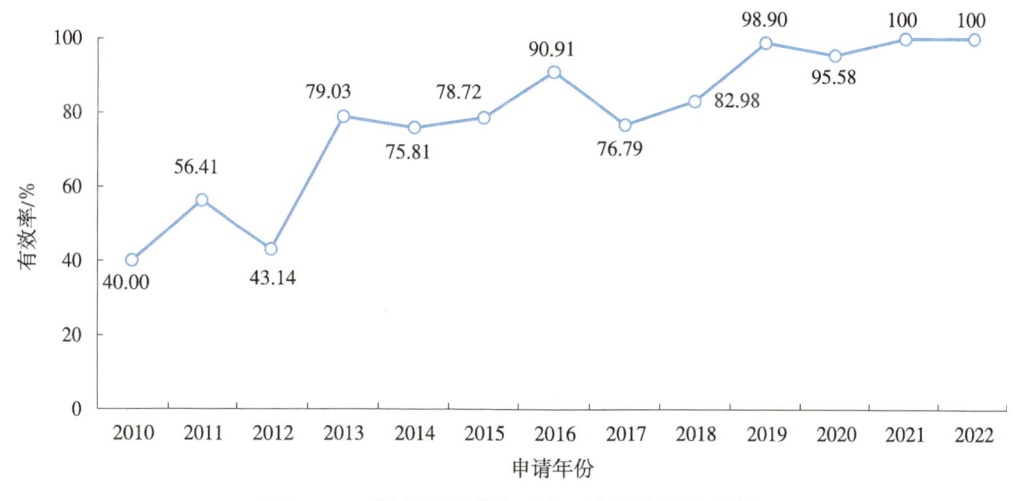

图 2-11 坪山区集成电路产业专利有效率趋势

3）授权专利整体情况较优。对数据范围内授权专利进行筛选，并从授权专利的先进度、稳定度、价值度维度，对授权专利的质量进行分析。从整体数据上看，授权专利的质量相对较高，在市场和技术层面具有较高的价值。

①授权先进度。授权先进度以数字 1~10 分表示，数字越高，技术先进性越高。

从统计数据（图 2-12）上看，坪山区集成电路授权专利先进度为最高值 10 分的数量占比约 10.76%，数值为 9 分的数量占比约 15.48%，先进度超过 5 分的数量占比

· 119 ·

超50%。

值得关注的是，授权专利中有超过1/3数量的先进度在1~3分，后续技术先进度还需要较大的提升。

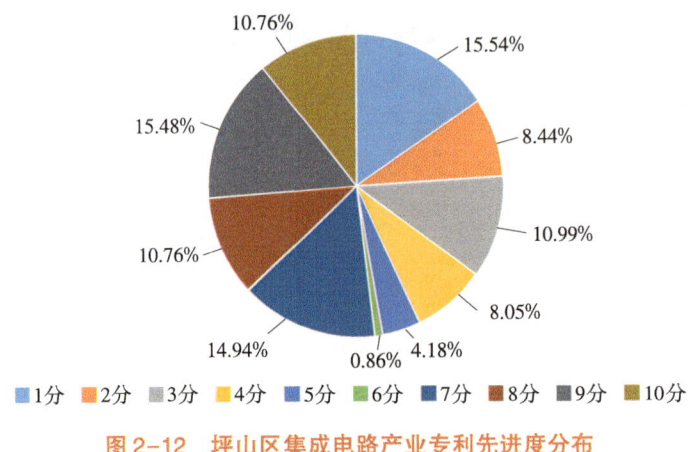

图2-12 坪山区集成电路产业专利先进度分布

②授权稳定度。授权稳定度以数字1~10分表示，数字越高，技术稳定性越好。

从统计数据（图2-13）上看，坪山区集成电路授权专利稳定度基本集中在两头，如8~9分和2~4分，而稳定度为8分的专利占比超过了1/3，稳定度为2分的专利约占23.84%。在一定程度上反映出授权专利质量两极分化较大，稳定性仍有提升空间。

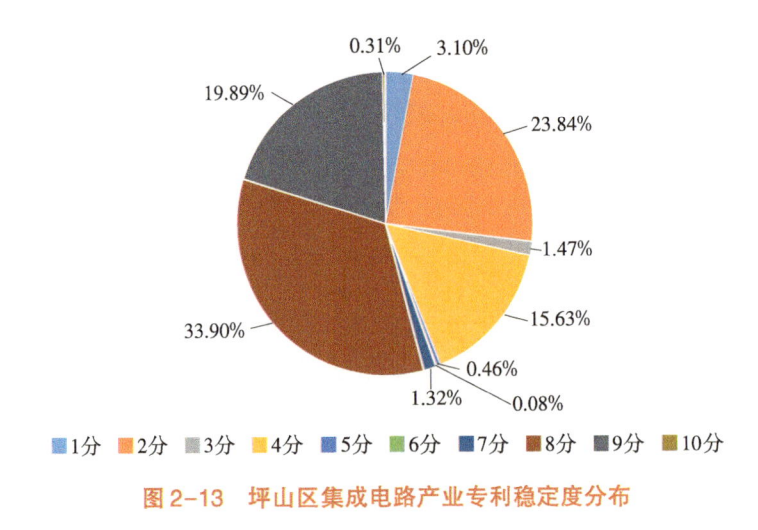

图2-13 坪山区集成电路产业专利稳定度分布

③授权价值度。授权价值度以数字1~10分表示，数字越高，价值度越大。

从统计数据（图2-14）上看，坪山区集成电路授权专利价值度基本集中在5~9分，其中占比最大的价值度数值为9分，占比为25.62%，而价值度在7~9分的专利数量总和超过了60%，整体授权专利价值还是不错的。

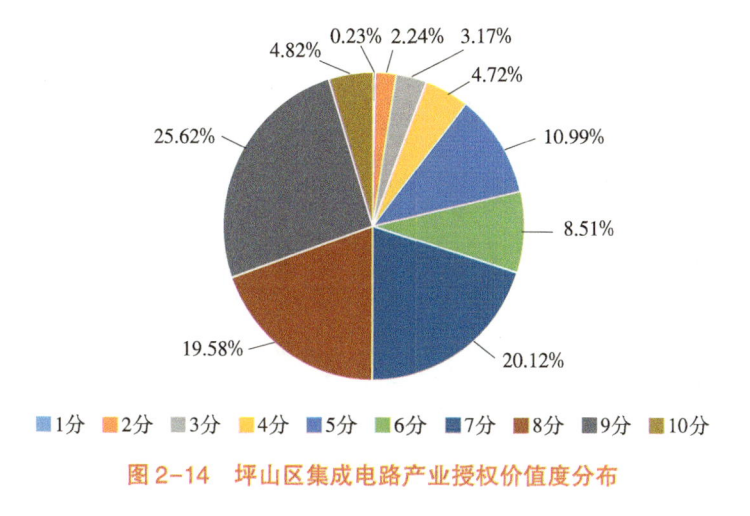

图2-14 坪山区集成电路产业授权价值度分布

5. 产业专利质量分析

1）超半数专利处于有效状态。专利有效性会从整体上反映专利集合中权利人对于是否持有专利的状态，进而从一个方面反映出该集合的专利质量。

对现有专利数据进行统计可知，目前坪山区集成电路产业专利中57.09%为有效专利，审查中状态占比为16.08%，无效专利占比为26.83%（图2-15），可见坪山区集成电路产业专利有效性较高。

图2-15 坪山区集成电路专利有效性分布

2）由于近年授权专利较多，因此专利维持时间较短。专利维持需要缴纳一定的维持费用，因此如果专利权人认为专利比较有价值会持续对专利进行缴费维持。所以，通过统计专利集合的维持年限信息能够从一个方面反映专利的价值。

从上述专利有效性统计可知，在授权专利当前的维持时间（图2-16）上，1~4年维持期的专利较多，这与统计数据中多数为近两年新授权专利有关。同时也需要关注维持时间超过10年的相对高质量的专利情况。

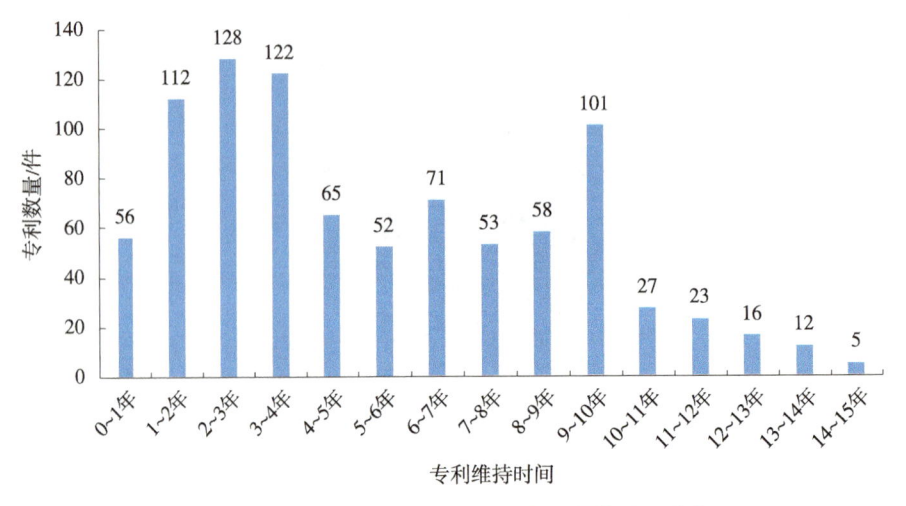

图 2-16 坪山区集成电路产业专利维持时间分布

3）专利说明书页数相对较少。专利的权利要求保护的范围、稳定性、详细程度是通过说明书进行支撑的，专利的实施例的详尽程度在一定程度上反映了权利人对于专利技术应用的可实施性、丰富性等情况。所以，通过统计专利说明书的页数数据，可以在一定程度上反映该专利集合的文本质量。

对坪山区集成电路产业专利集合进行文献页数数据统计（图 2-17）可以发现，上述专利集合的文献数量基本集中在 15 页及以下，占比超 80%，而 6~10 页的专利更是接近 50%，因此从文献页数这一指标看，坪山区集成电路领域专利的文本质量还有较大的提升空间。

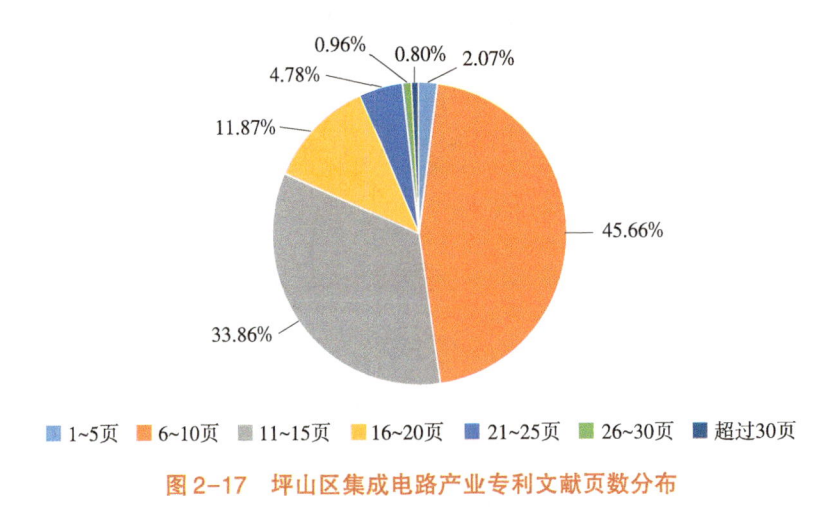

图 2-17 坪山区集成电路产业专利文献页数分布

4）专利权利要求数量基本集中在 10 项以下。专利保护范围基本由权利要求进行体现，因此，权利要求的数量、权利要求特征的数量两个指标能够在一定程度上反映专利的保护范围以及保护层次，进而反映专利文本的质量。

对坪山区集成电路产业专利集合进行统计分析可知，上述专利的权利要求基本集中在10项以下，占比接近80%，其中以6~10项权利要求最为集中，占比约67.60%，如图2-18所示。因此从专利的权利要求数量维度进行分析，坪山区集成电路领域的专利文本质量也存在一定的提升空间。

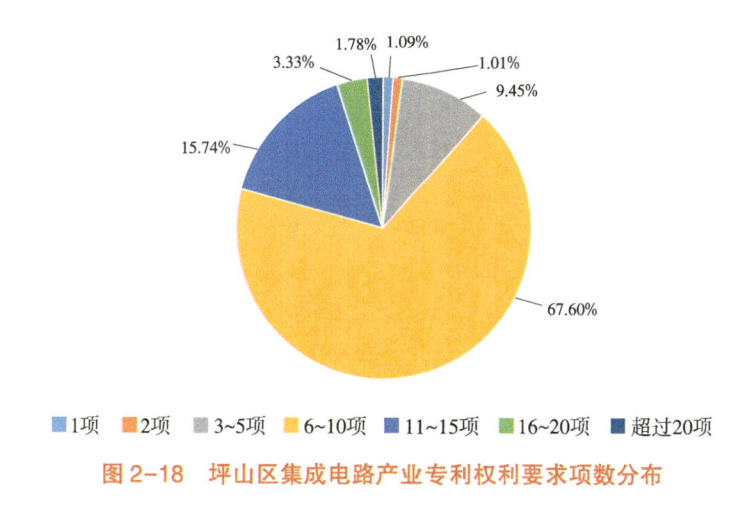

图2-18 坪山区集成电路产业专利权利要求项数分布

2.3 坪山区集成电路龙头企业专利分析

通过市场数据调研以及专利信息检索，目前坪山区引进的集成电路主要龙头企业为中芯国际、金泰克以及基本半导体，本部分将从专利角度对上述公司进行综合分析。

2.3.1 中芯国际

1. 公司介绍

中芯国际集成电路制造有限公司（简称中芯国际）及其子公司是集成电路晶圆代工企业之一，提供0.35μm到14nm不同技术节点的晶圆代工与技术服务。中芯国际总部位于上海，拥有全球化的制造和服务基地。在上海建有一座300mm晶圆厂和一座200mm晶圆厂，以及一座拥有实际控制权的300mm先进制程合资晶圆厂；在北京建有一座300mm晶圆厂和一座控股的300mm合资晶圆厂；在天津和深圳各建有一座200mm晶圆厂。中芯国际将在深圳投资建厂，正式启动该公司在深圳集成电路领域的产业布局。

2. 集成电路专利布局情况

目前中芯国际在半导体及集成电路领域较为集中的分类号H01L上的专利为11913件，其中发明专利11072件，实用新型826件，PCT国际申请15件［此处数据除中芯国际电路制造（深圳）有限公司外，还整合了中芯国际集成电路制造有限公司、中芯国际电路制造（北京）有限公司等的专利申请]。

从申请趋势看，中芯国际的专利申请量于 2014 年达到顶峰，当年共申请专利 1310 件，之后进入申请量与维持量之间的调整期，如图 2-19 所示。2022 年及以后的专利申请由于发明专利公开的滞后性，数据存在偏差。

图 2-19 中芯国际专利量分布（按时间统计）

目前中芯国际集成电路领域专利授权占比为 55.37%，驳回占比为 15.65%，整体专利驳回率相对较低，专利整体质量较高，如图 2-20 所示。

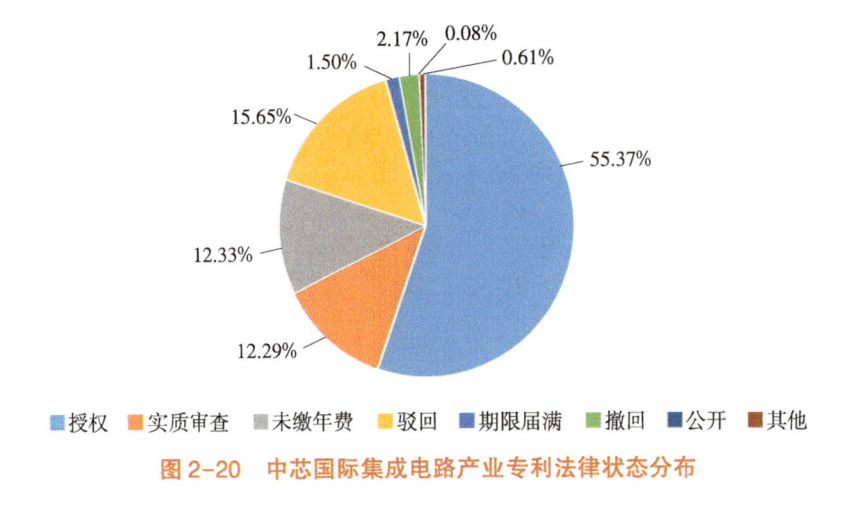

图 2-20 中芯国际集成电路产业专利法律状态分布

对上述专利进行技术聚类分析，中芯国际在专利技术布局层面，晶体管技术占比最大，其次是导电插栓。具体技术布局见表 2-9。

· 124 ·

表 2-9 中芯国际集成电路研究方向及专利数量

一级分类	二级分类	专利数量/件
晶体管技术方向一	CMOS	340
	FinFET	111
	场效应管	434
	非挥发性存储器	90
	晶体管	624
晶体管技术方向二	静电放电保护	329
	晶体管	609
	垂直沟道场效应晶体管	322
	快闪存储器	411
	LDMOS	584
导电插塞	原子层沉积方法	329
	浅沟槽	541
	相变随机存取存储器	562
	导电插塞	910
	图形化方法	521
等离子体	缺陷检测方法	281
	化学机械	127
	等离子体	353
	扫描电子显微镜	317
	电迁移	153
相变存储器	芯片封装	270
	接地屏蔽	169
	自对准	446
	化学机械研磨	462
	相变存储器	574
其他	—	—

2.3.2 金泰克

1. 公司介绍

金泰克半导体有限公司（简称金泰克）总部位于深圳。公司业务包括企业级存储、数据中心存储、工业控制级存储、嵌入式存储、电竞级存储、消费级存储等多方面，形成了从产品设计、研发、制造到售后的生产服务体系。

2. 集成电路专利布局情况

目前金泰克在集成电路领域专利申请量为 131 件，其中发明专利 114 件，实用新型 14 件，外观设计 2 件，PCT 国际申请 1 件（此处数据除深圳市金泰克半导体有限公司外，还整合了金泰克公司、合肥金泰克新能源科技有限公司、深圳市金泰克有限公司等的专利申请）。

从申请趋势看，金泰克的专利申请量于 2019 年达到顶峰，当年共申请专利 40 件。2020 年起数量开始回落，而近期专利或仍会处于高速发展期，如图 2-21 所示。

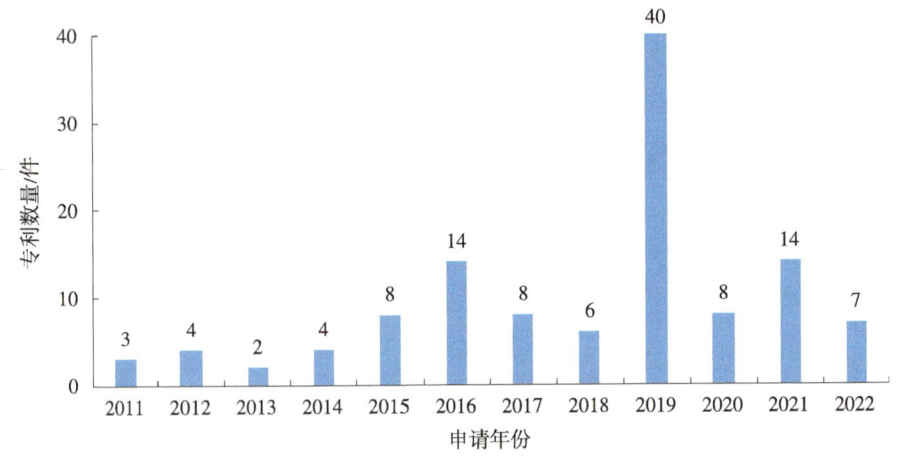

图 2-21 金泰克专利数量分布

目前金泰克集成电路领域专利授权占比为 45.04%，驳回占比为 16.03%，整体专利驳回率相对低，专利整体质量高，如图 2-22 所示。

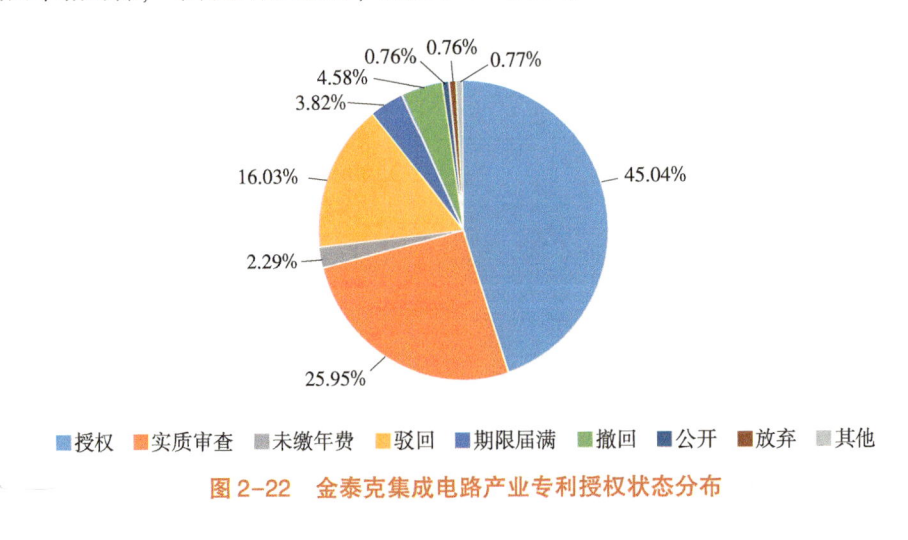

图 2-22 金泰克集成电路产业专利授权状态分布

对上述专利进行技术聚类分析，金泰克在专利技术布局层面，晶体管技术占比最大，其次是导电插栓。具体技术布局见表2-10。

表2-10 金泰克集成电路专利技术布局列表

一级分类	二级分类	专利数量/件
掉电保护	断电保护	1
	读电压	1
	指示电路	1
	进度	1
	掉电保护	3
数据管理方法	计算机硬盘	16
	垃圾回收	14
	移动存储器	11
	数据管理方法	24
	数据存储	4
固态硬盘	固态硬盘	1
	固态硬盘盒	1
	内存	2
SSD	散热片	3
	PCIE	3
	内存	5
	SSD	6
	SATA	2
移动电源	移动电源	4
	U盘	1
	组合式	1
	充电器	2
	移动电源	1
其他	—	—

2.3.3 基本半导体

1. 公司介绍

深圳基本半导体有限公司（简称基本半导体）专业从事碳化硅功率器件的研发与产业化，在深圳坪山、深圳南山、北京亦庄、南京浦口、日本名古屋设有研发中心。

基本半导体掌握碳化硅技术，研发覆盖碳化硅功率器件的材料制备、芯片设计、晶圆制造、封装测试、驱动应用等全产业链，先后推出全电流电压等级碳化硅肖特基二极管、通过工业级可靠性测试的 1200V 碳化硅 MOSFET、车规级全碳化硅功率模块等系列产品。其中，650V 碳化硅肖特基二极管产品已通过 AEC-Q101 可靠性测试，其他同平台产品也将逐步完成该项测试。基本半导体碳化硅功率器件产品被广泛应用于新能源、电动汽车、智能电网、轨道交通、工业控制、国防军工等领域。

2. 集成电路专利布局情况

目前基本半导体拥有的所有专利为 61 件，其中发明专利 46 件，实用新型 15 件［此处数据除深圳基本半导体有限公司外，还整合了基本半导体（无锡）有限公司、基本半导体（南京）有限公司等的专利申请］。从申请趋势（图 2-23）看，基本半导体整体申请量较为平稳，基本集中在 2017—2022 年。

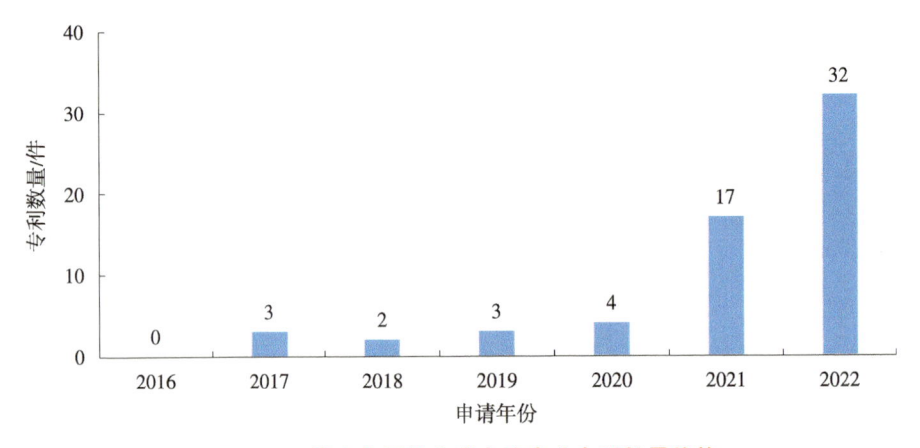

图 2-23 基本半导体集成电路产业专利数量趋势

目前基本半导体集成电路领域专利授权数量占比为 32.79%，驳回率较同领域申请人偏低，仅 1.64%，进入实质审查数量占比为 54.09%，如图 2-24 所示。

图 2-24 基本半导体集成电路产业专利状态分布

对上述专利进行技术聚类分析，基本半导体在专利技术布局层面，功率开关器件技术占比最大，其次是碳化硅器件。具体技术布局见表 2-11。

表 2-11　基本半导体集成电路产业技术布局列表

一级分类	二级分类	专利数量/件
预对准	预对准	1
集成电路芯片	集成电路芯片	6
	MOSFET	6
功率开关器件	半导体器件	4
	宽禁带半导体器件	4
	功率开关器件	5
	平面型	4
	功率器件	6
碳化硅器件	二极管	2
	碳化硅器件	5
	电子器件制造	4
	势垒二极管	3
	功率器件	1
逆变	压接型	2
	光控晶闸管	2
	电极焊接	1
	焊接	1
	逆变	6

2.3.4　比亚迪

1. 公司介绍

比亚迪成立于 1995 年 2 月，经过 20 多年的发展，已在全球设立 30 多个工业园，实现全球六大洲的战略布局。比亚迪业务布局涵盖电子、汽车、新能源和轨道交通等领域，从能源的获取、存储，再到应用，全方位构建零排放的新能源整体解决方案。比亚迪是香港和深圳上市公司，营业额和总市值均超过千亿元。

比亚迪旗下的比亚迪半导体股份有限公司成立于 2004 年 10 月 15 日，注册地为深圳市大鹏新区葵涌街道延安路 1 号，法定代表人为陈刚。经营范围包括一般经营项目和许可经营项目。许可经营项目是：半导体（集成电路、分立器件、光电器件及其他半导体产品）设计、制造及销售；半导体相关产品封装、测试及销售；半导体相关模组类产品设计、制造及销售；半导体相关材料及设备（含芯片、封装及其他材料）的研发、设计、制造及销售；半导体相关技术咨询、开发与转让；半导体相关软件的研发、设计、系统集成、销售和技术服务；半导体二手设备买卖；LED照明产品的研发、生产、销售、运营及工程安装；LED显示屏产品、路灯充电设计的研发、生产、销售、运营及工程安装；节能项目的运营、设计、工程施工及运营管理；合同能源管理；智慧路灯项目运营；其他相关配套服务；本企业产品及生产所需的设备、技术及原材料的进出口业务；自有物业租赁、设备租赁及其他相关租赁业务；自营和代理各类商品及技术的进出口及销售（以上项目不涉及外商投资特别管理措施）。比亚迪半导体股份有限公司对外投资2家公司。

比亚迪微电子（比亚迪半导体股份有限公司）是一家集成电路及功率器件研发商，经营范围包括集成电路设计与线宽 0.18μm 及以下大规模集成电路、新型电子元器件及其相关附件的生产、销售等，产品主要覆盖功率半导体器件、IGBT功率模块、电源管理IC，以及CMOS图像传感器、传感及控制IC、音视频处理IC等。

2. 集成电路专利布局情况

目前比亚迪在半导体及集成电路领域较为集中的分类号 H01L 上的专利为 960 件，其中发明专利 638 件，实用新型 322 件。

从申请趋势（图 2-25）看，比亚迪的专利申请量于 2013 年与 2017 年达到顶峰，当年申请专利近 100 件，之后进入申请量与维持量之间的调整期。2017 年以后，开始进入衰退期。

图 2-25 比亚迪集成电路产业专利数量趋势

目前比亚迪集成电路领域专利授权占比为 54.90%，驳回占比为 16.46%，整体专利驳回率相对较低，专利整体质量较高，如图 2-26 所示。

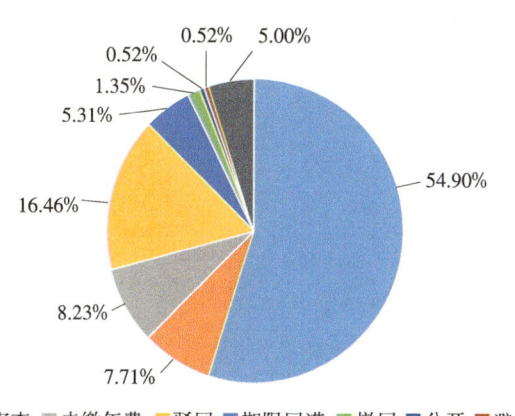

图 2-26 比亚迪集成电路产业专利法律状态趋势

对上述专利进行技术聚类分析，比亚迪在专利技术布局层面，功率半导体器件占比最大，其次是太阳能电池片阵列。具体技术布局见表 2-12。

表 2-12 比亚迪集成电路产业专利技术布局

一级分类	二级分类	专利数量/件
导电浆料	导电浆料	54
	太阳能电池背板	36
	多晶硅片	26
	半导体电极	45
	有机配合物	17
智能功率	半导体管芯封装	17
	散热器	23
	智能功率	74
	散热基板	41
	散热模组	36
有机电致发光器件	指纹检测芯片	6
	有机电致发光器件	46
	静电放电保护	8
	光源照明方法	8
	封装	47

续表

一级分类	二级分类	专利数量/件
功率半导体器件	功率半导体器件	131
	半导体发光器件	60
	图像传感器	12
	GAN	63
	半导体功率器件	1
太阳能电池片阵列	太阳能电池片阵列	78
	晶体硅太阳能电池片	51
	层压机	15
	光伏电池	53
	背电极	12

2.4 小结：产业高速发展，专利持续增长，通过信息支撑"双招双引"

2.4.1 重点产业发展迅速

目前，随着坪山区在三大重点产业的持续投入与政策扶持，"双招双引"工作正如火如荼地开展，特别是新一代信息技术、生物医药等重要的战略性新兴产业，已经开始形成一定的集聚效应，产业集群逐步呈现。坪山区承接深圳核心区产业纾解功能的作用日益凸显，未来坪山区的重点产业将迎来一个更加快速的布局与发展趋势。

2.4.2 专利保护日益完善

从数据可以看出，目前坪山区的专利申请布局与其重点产业发展方向高度吻合。在申请节奏上，也遵循了企业、产业的合理发展速度，整体上已经开始尝试从国内技术保护向海外专利技术布局转化；并通过中芯国际、比亚迪等产业龙头企业的带动效应，专利保护与市场竞争意识将逐步向区域中小微企业辐射，未来将形成科技创新引领、技术运营支撑的全面发展格局。

2.4.3 围绕重点产业方向与重点企业打造产业集群

从区域产业规划信息结合专利数据也可以看出，新一代信息技术特别是集成电路作为坪山区的一个重点发展方向，已经启动产业规划与深度发展战略，因此，围绕中芯国际、比亚迪等产业龙头企业，深度结合产业链信息、供应链信息，开展全面的产业节点梳理以及各个产业节点的企业信息梳理，为坪山区"双招双引"提供全面精准的数据支撑，成为当下以专利数据为切入深度服务与赋能区域产业经济发展的一个重要依托。

第3章　集成电路产业"双招双引"信息搜索与推荐

3.1　重点中游产业链招商模式信息搜集及推荐

产业链招商是指围绕一个产业的主导产品及与之配套的原材料、辅料、零部件和包装件等产品来吸引投资，谋求共同发展，形成倍增效应，以增强产品、企业、产业乃至整个地区综合竞争力的一种招商方式。

依据前述内容对坪山区下游产业方向分析与坪山区发展规划相关政策，分析得出坪山区一个重点发展规划就是汽车产业，更具体的方向是新能源汽车。

新能源汽车的车载芯片主要分为两类——功率半导体器件（以IGBT为主）、车规级集成芯片（IC）。

3.1.1　IGBT企业招商目标推荐

新能源汽车的成本构成中，除动力电池外，电控系统以15%～20%的成本占比位列第二。在电控系统成本中，IGBT成本占比高达40%，是电控系统中最重要的构成器件，主要作用是进行交流电和直流电的转换、电压高低的转换。

功能上，IGBT主要应用于电池管理系统、电动控制系统、空调控制系统和充电系统。对于混合动力汽车，与低压系统相独立的高压系统也需要用到IGBT。在新能源汽车领域，IGBT作为电控系统和直流充电桩的核心器件，直接影响电动车功率的释放速度、汽车加速能力和最高时速等，重要性不言而喻。

由于IGBT具有更好的耐高压特性，当前在650V以上应用场景被广泛使用。相比硅基MOSFET，IGBT的优点是导通压降小，耐高压，传输功率可以达到5000W。IGBT下游应用主要依据工作电压高低划分，车规级IGBT电压多位于650～1200V区间。

近两年，随着新能源汽车的快速发展，IGBT也迎来了爆发。《2019中国IGBT产业发展及市场报告》显示，2018年中国IGBT市场规模约为153亿元，同比增长19.91%。

受益于新能源汽车和工业领域的需求大幅增加，中国 IGBT 市场规模将持续增加，到 2025 年，中国 IGBT 市场规模将达到 522 亿元，年复合增长率近 20%。

我国是车规级 IGBT 的主要市场之一，占全球市场份额超过 30%，但中高端 IGBT 主流器件市场基本被欧美、日本企业垄断，比如英飞凌、富士电机、三菱等外资企业。我国 IGBT 产品对外依赖度近 95%，呈现外企寡头垄断的竞争格局。

国内研发车规级 IGBT 的企业较少，或与其研发、生产的高难度有关。在比亚迪入局 IGBT 之前，国内自主研发的 IGBT 几乎一片空白，基本被外资企业垄断。

比亚迪微电子公司（比亚迪半导体公司前身）成立于 2004 年，初期主要承担着比亚迪集团集成电路及功率器件的开发、整合、晶圆加工等生产任务，主要经营功率半导体器件、IGBT 功率模块、CMOS 图像传感器、电源管理 IC、传感及控制 IC 等产品。其中，IGBT 是比亚迪半导体的拳头产品。

以 IGBT 产品的相关企业为目标进行信息检索，并筛选出能够与比亚迪形成产业集群优势的国内具有较高专利价值的科技型企业推荐信息见表 3-1。

表 3-1　国内具有 IGBT 较高专利价值的企业

公司名称	公司简介	相关技术专利数量/件
江苏中科君芯科技有限公司	江苏中科君芯科技有限公司（以下简称君芯科技）是一家专注于 IGBT、FRD 等新型电力电子芯片研发的中外合资企业。 君芯科技是国内率先开发出沟槽栅场截止型（Trench FS）技术并真正实现量产的企业。公司推出的 IGBT 芯片、单管和模块产品从 600V 至 6500V，覆盖了目前主要电压段及电流段，已批量应用于感应加热、逆变焊机、工业变频、新能源等领域。 君芯科技独创的 DCS 技术将应用于最新的汽车级 IGBT 芯片中，君芯科技分别于 2014 年和 2016 年获得国际、国内知名专业投资机构的青睐，完成 A 轮和 B 轮的融资，进入上下游资源整合阶段	186
上海华虹宏力半导体制造有限公司	依托于华虹宏力在 MOSFET 和 Super Junction 方面累积的经验，华虹宏力与客户合作成功开发了基于沟槽结构的 600~1200V 非穿通型和场截止型 IGBT。该技术的产品非常适合新能源汽车、白色家电、电磁炉、马达驱动、UPS、焊机、机车拖动、智能电网以及包括风电和太阳能等新能源应用	138

续表

公司名称	公司简介	相关技术专利数量/件
西安中车永电电气有限公司	西安中车永电电气有限公司是中车永济电机有限公司全资控股的专门从事电力电子产品的研发、生产、销售、服务的企业。 公司于 2005 年 12 月在西安经济技术开发区成立，注册资本 14282 万元，现有员工 600 多人，其中研发人员 100 余人，年销售收入达到 10 亿元。公司主要产品有：IGBT 模块、IPM 模块、整流管、晶闸管、组合元件等电力半导体器件；变流器、功率模块、城轨地面整流装置、地铁单向导通装置、充电机等装置。产品主要应用于高速铁路、风力发电、冶金工业、城市轨道交通、太阳能光伏发电等领域。 公司通过 IRIS 铁路质量体系、ISO14001 环境管理、OHSAS18001 职业安全健康管理三大体系认证，现为中国电器工业协会电力电子分会副理事长单位，2006 年公司通过陕西省级企业技术中心认定。公司 IGBT 模块、1.5MW 风电变频器产品已通过陕西省新产品新技术鉴定，公司采用中车自主研发芯片封装的 6500V/200A、3300V/1200A 两种 IGBT 模块通过了中国电器工业协会组织的国家级科技成果鉴定。 2012—2015 年，公司 IGBT 模块产业研发及产业化项目先后获得中国铁道学会三等奖、西安市科技一等奖、陕西省科技一等奖等多项奖励	92
株洲中车时代半导体有限公司	中车时代半导体作为中车时代电气股份有限公司下属全资子公司，全面负责公司半导体产业经营，早从 1964 年开始功率半导体技术的研发与产业化，2008 年战略并购英国丹尼克斯公司，通过十余年持续投入和平台提升，已成为同时掌握大功率晶闸管、IGCT、IGBT 及 SiC 器件及其组件技术的 IDM（集成设计制造）模式企业代表，拥有芯片—模块—装置—系统完整产业链。公司也是新型功率半导体器件国家重点实验室、国家能源大功率电力电子器件研发中心的依托单位，中国 IGBT 技术创新与产业联盟理事长单位，湖南省功率半导体创新中心的牵头共建单位。 中车时代半导体长期坚持自主创新，打造了一个集成中欧先进设计与制造资源的国家级功率半导体产业平台；拥有国内首条、全球第二条 8 英寸 IGBT 芯片生产线；全系列高压晶闸管市场占有率已进入世界前三，全系列高可靠性 IGBT 产品已全面解决轨道交通核心器件受制于人的局面、基本解决了特高压输电工程关键器件国产化的问题、正在解决我国新能源汽车核心器件自主化的问题	72

续表

公司名称	公司简介	相关技术专利数量/件
杭州士兰集成电路有限公司	杭州士兰集成电路有限公司和杭州士兰集昕微电子有限公司是由杭州士兰微电子股份有限公司出资设立的专业从事硅集成电路和分立器件的制造企业，与母公司士兰微电子有限公司一起构成完整的 IDM 型企业。 杭州士兰集成电路有限公司成立于 2001 年，是浙江省高新技术企业，公司共建设 3 座 FAB 工厂，分别设有 5 英寸和 6 英寸两条生产线，年生产能力达到 260 万片。主要生产 BIPOLAR、CMOS、BICMOS、VD-MOS、BCD 等工艺技术的集成电路产品和开关管、稳压管、肖特基二极管等特种分立器件。产品用于各类终端市场应用方案，包括计算机、通信、能源及电子消费品等市场，产品远销至韩国、日本、美国等地，成为世界多家知名公司的芯片供应商。 杭州士兰集昕微电子有限公司成立于 2015 年，为士兰微电子 8 英寸集成电路芯片生产线的实施主体。公司于 2017 年正式投产，设计月产能 10 万片，现已具备月产 4 万片生产能力。同时已有高压集成电路、高压 MOS 管、低压 MOS 管、肖特基、IGBT 等多个产品导入量产	50
江苏宏微科技股份有限公司	江苏宏微科技股份有限公司是国家高技术产业化示范工程基地，国家 IGBT 和 FRED 标准起草单位；江苏省博士后创新基地，江苏省新型高频电力半导体器件工程技术研究中心等。业务范围：（1）设计、研发、生产和销售新型电力半导体芯片、分立器件及模块，如 FRED、VDMOS、IGBT 芯片、分立器件、标准模块及用户定制模块（CSPM）；（2）高效节能电力电子装置的模块化设计、制造及系统的解决方案，如动态节能照明电源、开关电源、UPS、逆变及变频装置等	28
嘉兴斯达半导体股份有限公司	嘉兴斯达半导体股份有限公司成立于 2005 年 4 月，是一家专业从事功率半导体芯片和模块尤其是 IGBT 芯片和模块研发、生产和销售服务的国家级高新技术企业。公司总部位于浙江嘉兴，占地 106 亩（约 0.07 平方千米），在上海和欧洲均设有子公司，并在国内和欧洲设有研发中心。 公司主要产品为功率半导体元器件，包括 IGBT、MOSFET、IPM、FRD、SiC 等。公司成功研发出了全系列 IGBT 芯片、FRD 芯片和 IGBT 模块，实现了进口替代。其中 IGBT 模块产品超过 600 种，电压等级涵盖 100~3300V，电流等级涵盖 10~3600A。产品已被成功应用于新能源汽车、变频器、逆变焊机、UPS、光伏/风力发电、SVG、白色家电等领域。 公司建立了功率模块生产线，建立了完备的产品可靠性实验室和工况模拟实验室等，可实现 IGBT 模块等产品的性能和静动态测试、IGBT 模块工况模拟测试等	25

续表

公司名称	公司简介	相关技术专利数量/件
吉林华微电子股份有限公司	吉林华微电子股份有限公司是集功率半导体器件设计研发、芯片加工、封装测试及产品营销为一体的企业，公司经科技部、中国科学院等国家机构认证，被列为国家博士后科研工作站、国家创新型企业、国家企业技术中心、CNAS 国家认可实验室。 公司总资产近 61 亿元，占地面积 40 万平方米，建筑面积 13.5 万平方米，净化面积 17000 平方米，主要净化级别为 0.3μm 百级。公司于 2001 年 3 月在上海证券交易所上市，为国内功率半导体器件领域首家上市公司。 公司拥有 4 英寸、5 英寸与 6 英寸等多条功率半导体分立器件及 IC 芯片生产线，芯片加工能力为每年 500 万片，封装资源为每年 24 亿只，模块每年 1800 万块。公司在终端设计、工艺制造和产品设计方面拥有多项专利，各系列产品采用 IGBT、MOS、双极技术及集成电路等核心制造技术。公司主要生产功率半导体器件及 IC，目前公司已形成 IGBT、MOSFET、SCR、SBD、IPM、FRD、BJT 等为营销主线的系列产品，产品种类基本覆盖功率半导体器件全部范围，广泛应用于汽车电子、电力电子、光伏逆变、工业控制与 LED 照明等领域，并不断在新能源汽车、光伏、变频等战略性新兴领域拓展	24
广东芯聚能半导体有限公司	广东芯聚能是一家车规级功率半导体元器件研发、生产和销售的高新技术企业，主营业务包括面向新能源电动汽车（EV、HEV）主驱动器的核心功率半导体芯片设计、器件与模块产品的研发、生产、销售与服务支持。同时也提供工业、民用级功率半导体相关产品，可广泛应用于变频家电、工业变频器、光伏发电、智能电源装备等领域	23
江阴市赛英电子股份有限公司	江阴市赛英电子股份有限公司是专业从事研发和生产大功率半导体器件用陶瓷管壳系列的高新技术企业。公司自 2002 年 10 月成立以来，以不断的技术创新、管理创新，追求优质卓越的产品质量和服务，赢得了众多国内外客户的信赖。公司销售以每年 40% 的速度增长，是国内率先生产 GTO、IGCT、IGBT 新型管壳的企业。年生产能力 120 万套	17

3.1.2 车规级集成芯片企业招商目标推荐

从分类上来看，汽车芯片大致分为以下几类，一是负责算力的控制芯片，也就是处理器和控制器芯片，如发动机、底盘和车身控制，以及中控、辅助驾驶（ADAS）和自动驾驶系统等；二是负责功率转换的 IGBT 功率芯片，一般应用于电动车的电源和接口；三是传感器芯片，主要用于各种雷达、气囊、胎压监测。汽车芯片也可以分为主控芯片、功能芯片、功率芯片和传感器芯片。

从车规级芯片的要求来看，需要适应 −150～−40℃ 的极端温度，高振动、多粉尘、有电磁干扰，湿度要适应0~100%，一般车规级芯片的设计寿命为15年或20万千米。从架构方面来看，车规级芯片需要有独立的安全岛设计，在关键模块、计算模块、总线、内存等，都有ECC、CRC的数据校对，为车规级芯片提供安全功能。

一般来看，一款车规级芯片需要2~3年的时间完成车规认证并进入整车厂供应链，一旦进入后，一般拥有5~10年的供货周期。汽车芯片相当于汽车大脑，高端车型要配装150多种芯片。

自1908年第一辆福特T型车下线走出车间始，人们形成了对传统汽车的固有认知，即"四把椅子+四个轮子+发动机"。这样的认知一直持续到1977年。通用汽车在1977年首次在汽车上搭载电子控制单元（ECU），实现了速度、油箱、里程和发动机等信息的显示。

随后的时间里，车规级芯片在汽车中的重要性不断提高，一辆车不仅可以更快地完成从始发地到目的地的驾驶，还具有娱乐、导航等辅助功能。而20多年前，汽车开始进入电控时代，如今一辆普通汽车至少安装40种芯片，高端车型则需安装150种以上。据悉，20世纪70年代，汽车电子元件的成本占比为5%左右，2005年汽车电子元件的成本比例增长至15%左右，而2019年一辆新车的芯片成本平均为329美元。

在电控汽车时代，芯片早已成为汽车的"决策大脑"以及"遍布全车的神经系统"。举例来讲，在纯机械发动机时代，发动机的进排气时机、气门开闭时长完全由凸轮轴和凸轮决定，当发动机被制造出来，其进排气也就固定了。而当发动机进入电控时代，通过电脑智能调节气门开闭时机和时长，有意将进气门延迟关闭，排气门提前开启，让进排气更加充分，提升性能。如果缺少芯片，最直观的表现就是油耗和排放控制的缺失。

车规级芯片中非常重要的一类是应用于ESP（电子稳定控制系统）中的MCU（微控制单元）和ECU中的MCU，需要用8英寸晶圆打造。ESP是汽车主要安全系统的一部分，是ABS（防抱死制动系统）的延伸，20世纪80年代，ABS还是豪华车的配置，而随着ESP的量产推广，它已成为汽车最基础的安全配置；ECU则是涵盖了诸如调整车窗、座椅、灯光等功能，在如今的中高端车型上，这两类芯片必不可少。

通过对相关车规级芯片进行专利信息检索，并结合坪山区相关产业的特点进行分析、评估及筛选，推荐国内车规级芯片生产相关企业见表3-2。

表 3-2 国内车规级芯片相关生产企业

公司名称	公司简介	相关技术专利数量/件
上海睿驱微电子科技有限公司	上海睿驱微电子科技有限公司成立于 2019 年，是一家创新创业型公司。公司专注先进功率半导体芯片及 IPM 智能模块，经营先进功率半导体器件+新能源汽车产业链。 公司是以新型大功率高效电力电子器件的芯片设计、制造、销售为主要业务，产品应用广泛：节能灯、LED 照明、充电器、各类开关电源、电磁灶、变频电机、电焊机、太阳能逆变器、电动自行车、电动汽车等	4
无锡赛盈动力科技有限公司	无锡赛盈动力科技有限公司拥有电动车业界完整、先进的智能正弦波矢量电机驱动系统解决方案（FOC 电机无刷控制解决方案），能够通过全系列的产品体系，一应满足电动车两轮车、电动车三轮车、电动四轮车、共享单车等一系列动力系统的市场	4
江苏盐芯微电子有限公司	江苏盐芯微电子有限公司成立于 2015 年，是一家专注于半导体封装测试业务的国家高科技集成电路生产企业，注册资金 2000 万元。公司目前具有 12 寸 wafer 研磨切割以及封装能力，目前月产能有 100KK/月。生产产品广泛应用于通信、计算机、消费电子、汽车电子等，并致力于为海内外客户提供晶圆切割减薄、封装验证、成品测试编带等全套解决方案	2
联合汽车电子有限公司	联合汽车电子有限公司（简称 UAES）成立于 1995 年，是中联汽车电子有限公司和德国罗伯特·博世有限公司在中国的合资企业。公司主要从事汽油发动机管理系统、变速箱控制系统、车身电子、混合动力和电力驱动控制系统的开发、生产和销售	14
扬州杰盈汽车芯片有限公司	扬州杰盈汽车芯片有限公司的项目将建成年产 1200 万片的新能源汽车电子及大功率半导体晶圆生产线，包括汽车电子芯片、5G 基站防护芯片、保护器件 TVS/TSS 芯片等；产品主要用于汽车车载、汽车车控、汽车发电机、5G 基站、安防、电源、工控等，实现进口替代	5
央腾汽车电子有限公司	央腾汽车电子有限公司主要从事新能源汽车电驱动系统的研发生产及系统集成，旨在打造高效节能的中低功率精品电驱动系统。 央腾汽车电子有限公司集中了行业中优势人力及雄厚财力。在上海设立研发中心，与国内多家知名 OEM 有着深入、广泛的项目合作经验	4
昆山晨伊半导体有限公司	昆山晨伊半导体有限公司拥有为整车市场配套的汽车用整流二极管自动生产流水线 2 套，年产压入式汽车用二极管设计能力可达 6000 万只，年产各种为售后服务市场的焊接式汽车用二极管设计能力达 12000 万只。公司拥有螺栓型整流管、晶闸管生产线一套，年产设计能力可达 600 万只。公司还拥有模块生产线一套，目前能生产 38 个系列、约 400 多种型号规格、60 多种内部连线的晶闸管、快速晶闸管、整流管和超快恢复二极管等各种桥臂，单、三相整流模块，单、三相交流开关模块等，广泛应用于各种工业领域。年产设计能力可达 100 万只	4

· 139 ·

续表

公司名称	公司简介	相关技术专利数量/件
安徽安芯电子科技有限公司	安徽安芯电子科技有限公司成立于2012年10月。公司专业从事二极管芯片及元器件等高端半导体产品的研发、生产及销售。 公司已成功通过ISO/TS16949:2009汽车行业质量体系认证和ISO14001:2004环境体系认证。安芯电子旗下拥有三家半导体工厂:整流芯片及快恢复芯片制造工厂、TVS芯片制造工厂和元器件封装工厂。公司占地面积50亩,厂房建筑面积25000㎡(其中净化车间6000㎡),关键工序采用国外先进进口设备,三家工厂具备月产20万片半导体芯片及100KK半导体元器件生产能力。安徽安芯电子科技有限公司是一家集二极管芯片生产与元器件封装于一体的半导体制造工厂	3
合兴汽车电子股份有限公司	合兴汽车电子股份有限公司于2006年11月14日成立。公司经营范围包括:汽车零部件及配件、塑料制品、电子元件及组件、电子真空器件的设计、研发、制造、加工、销售、售后服务;金属制品机械加工、销售;塑胶原材料、金属材料销售;模具研发、制造、销售;企业管理咨询;汽车电子领域内的技术咨询、技术服务、技术转让;货物进出口、技术进出口等	3

3.2 重点企业供应链招商模式信息搜集及推荐

3.2.1 中芯国际供应链信息检索

集成电路制造是根据电路设计版图,通过光刻、刻蚀、离子注入、退火、扩散、沉积、化学机械研磨等工艺流程,在半导体硅片上生成电路图形,产出可以实现预期功能的芯片的过程。中国是全球规模最大、增速最快的集成电路市场,而集成电路制造是产业链上的重要一环,也是中国发展集成电路亟须突破的瓶颈。

目前,集成电路制造企业的经营模式主要分为两种:一种是垂直整合模式,即IDM模式,涵盖集成电路设计、制造、封测等所有环节;另一种是晶圆代工模式,即Foundry模式,专注为设计企业提供制造服务。Foundry模式是始于20世纪80年代芯片产业链的专业化分工,1987年成立的台积电是先行者,目前已成为集成电路制造的主流。最近5年,晶圆代工模式在集成电路制造中的平均比重超过86%。

由于晶圆代工行业属于技术、资本、人才密集型行业,需要大量资本支出和人才投入,具有较高的进入壁垒,因此也呈现出明显的寡头特征。据IC Insights统计,台积电是全球晶圆代工市场龙头企业,市场份额高达54%;其次是三星公司和格罗方德,分别约为19%、9%。前三名企业的市场份额累计达82%,前五名企业更是高达94%。

中国大陆晶圆代工行业起步较晚,但在国家政策的支持下,我国大陆晶圆代工行业快速发展。2015—2020年,中国大陆晶圆代工市场规模从48.1亿美元增长至148.9

亿美元，年均复合增长率为 25.4%，远高于全球增速，同时占全球的比重也从 11% 增长至近 22%，但与美国超过 50% 的比重相比差距仍然不小。

值得注意的是，在国家政策、市场需求、资本投入的驱动下，全球晶圆代工产业正逐渐向中国大陆转移，台积电、英特尔、三星、SK 海力士、联电等纷纷在大陆投资建设晶圆厂。据 Frost & Sullivan 统计，2016—2020 年，全球新增投产的晶圆厂为 62 座，其中 26 座建设于中国大陆，占全球总数的 42%。

这给中国大陆集成电路行业带来新的发展机遇的同时，也导致中国大陆集成电路制造行业形成以外资企业主导的局面。在国内晶圆代工市场中，台积电、联电、格罗方德等通过旗下企业合计占据近 70% 的份额，而以中芯国际为代表的大陆企业占比则仅有 30%。

从产业结构来看，国内集成电路制造还处于相对弱势地位。据中国半导体行业协会统计，2020 年中国集成电路产业销售额为 8848 亿元，其中，集成电路制造销售额为 2560 亿元，占比近 29%，集成电路设计和封测的占比分别约为 43%、28%。

中芯国际是目前国内综合实力最强的晶圆代工企业。该公司成立于 2000 年，近些年在全球晶圆代工市场的排名多居第 4 位或第 5 位，同时也是中国大陆技术最先进、规模最大、配套服务最完善、跨国经营的晶圆代工企业，在国内晶圆代工市场的比重约为 20%。去年中芯国际实现营收近 275 亿元，同比增长约 25%；实现净利润约 43 亿元，同比增长超过 140%。具体来看，中芯国际晶圆代工业务占比接近 90%，去年营收约为 240 亿元，比华虹集团和安世半导体之和还略多。

在集成电路晶圆代工领域，关键技术节点的量产能力是衡量企业技术实力的重要标准之一。中芯国际可提供 0.35μm 到 14nm 多种技术节点、不同工艺平台的集成电路晶圆代工及配套服务，合计专利数量超过 1.2 万件，去年晶圆产量达到 566 万片。

在成熟逻辑工艺领域，中芯国际是中国大陆第一家提供 0.18/0.15μm、0.13/0.11μm、90nm、65/55nm、45/40nm 和 28nm 技术节点的晶圆代工企业，其中 28nm 工艺目前是业界主流技术。在先进逻辑工艺领域，中芯国际是中国大陆第一家提供国际领先的 14nm 技术节点的晶圆代工企业，第一代 14nm FinFET 技术已进入成熟量产阶段，产品良率达到业界标准，第二代 FinFET 技术已进入风险量产。但与头部企业相比，中芯国际 14nm 量产时间落后三四年。

目前，中芯国际核心营收仍来自成熟制程。去年公司 90nm 及以下制程收入占比约为 58%，其中 55/65nm 技术收入占比达到 30%，28nm 及以下技术的收入贡献比例达到 9%，同比增加 5 个百分点。

集中在成熟制程是我国晶圆制造企业的普遍现状。华虹集团的 28nm 制程工艺在 2018 年实现量产，14nm 制程工艺正在研发中，长鑫存储的 19nm 制程工艺去年才刚刚量产，是全球第四家 DRAM 产品采用 20nm 以下工艺的厂商，并计划在今年突破 17nm。其余企业的工艺制程多在 28nm 以上，尤其是安世半导体、士兰微、华润微、扬杰科技等功率半导体企业，由于更加强调定制化、特色化的半导体产品，因此更重视功耗与功率密度等指标，而不单纯追求高端制程，这些企业的核心制程工艺普遍在 90nm 及以上。

从研发投入来看，中芯国际去年研发投入接近 47 亿元，基本与上一年持平，占营收的比重为 17%，在排名前 10 位企业中遥遥领先，是披露数据的另外 5 家企业研发总额的两倍多。中芯国际预计，今年资本开支将达到 280 亿元。

对于集成电路领域的龙头企业，为其生产进行配套的公司属于供应链招商的重点对象。坪山区当前引进了国内集成电路制造龙头企业中芯国际，因此，对中芯国际的相关设备、仪器、材料等供应商信息进行全方位的梳理与统计，能够基于供应链的招商模式提供更加精准的招商目标。

项目通过对中芯国际财报、互联网信息等进行信息采集及搜索，对中芯国际的集成电路设备全球采购的供应链信息进行梳理，得到如表 3-3 所示数据。

表 3-3　中芯国际供应商

上游设备	中间商或供应商、制造地信息
接近式光刻机	中芯长电半导体（江阴）有限公司
	SUSS
	德国
晶元表面厚度测试机	盛吉盛（宁波）半导体科技有限公司
	中国
外延机	Applied Materials South East Asia Pte. Ltd.
	美国
全自动背面保护胶带揭膜机、全自动背面保护胶带贴膜机、全自动真空贴膜机	琳得科胶膜科技（上海）有限公司
	日本
氮化硅生长机、低压退火设备、硼磷氧化扩散炉、光阻固化低温退火炉、低压成膜氧化炉（TEOS）、非掺杂多晶硅生长机	Tokyo Electron Limited
	日本
晶圆转移机	朗轩电子设备（上海）有限公司
	中国
晶圆浓度测量	盛吉盛（宁波）半导体科技有限公司
	中国

续表

上游设备	中间商或供应商、制造地信息
蜻蜓系统	Rudolph Technologies, Inc.
	美国
晶圆表面颗粒检测机	深圳中科飞测科技有限公司
	中国
在线 3DX 射线自动检测装置	兴昇科技股份有限公司
	Saki Corporation
	日本
聚焦离子束 FIB	FEI 香港有限公司
	美国
扩展电阻测试仪 SRP	Semilab Semiconductor Physics Laboratory Co., Ltd.
	匈牙利
SDPGA 产品等离子去胶机	Alpha Plasma Asia Private Limited
	新加坡
全自动晶圆修边机	迪思科科技（中国）有限公司
	日本
等离子体平坦化氮化铝膜层刻蚀机	WESi Technology Ltd.
	Scia Systems
	德国
模具分拣机	MIT Semiconductor Pte. Ltd.
	新加坡
CDSEM 量测机台	THEONE Technology Co., Ltd.
	韩国
缺陷检测仪	Applied Materials South East Asia Pte. Ltd.
	美国
光罩存储装置	Brooks CCS RS AG
	瑞士
中束流离子注入机	Applied Materials South East Asia Pte. Ltd.
	美国
高真空氧化钒金属溅射机（VOX）-B 腔/PVD VOX chamber-B	上海松尚国际贸易有限公司
	中国
晶圆测试机	厦门新晟义科技有限公司
	美华达科技（苏州工业园区）股份公司
	中国

续表

上游设备	中间商或供应商、制造地信息
压缩成型塑封机	TOWA 株式会社
	日本
编带机	UENO Asia Co., Limited
	UENO SEIKI Co., Ltd.
	日本
氮化铝和钼金属刻蚀机/蚀刻机	SPTS Technologies Limited
	英国
汽相 HF 氧化物腐蚀	SPTS Technologies Limited
	英国
Clip	先进太平洋（香港）有限公司
	中国香港
测试机	德森瑞芯科技有限公司
	TESEC Corporation
	日本
	STALAB Inc.
	韩国
晶圆测试机	晟曜科技股份有限公司
	是德科技公司
	美国
接近式曝光机	SUSS MicroTec Lithography GmbH
	德国
介质刻蚀机	亦亨电子（上海）有限公司
	中国
低压多晶硅生长机	ASM Europe B.V.
	荷兰
基于硅烷的氧化物/氮化物设备	沈阳拓荆科技有限公司
	中国
硅片光学检测显微镜	Axsys Technologies Limited
	马来西亚
	尼康株式会社
	日本
关键尺寸扫描电镜	天津韩甫科技发展有限公司
	中国

续表

上游设备	中间商或供应商、制造地信息
基于硅烷的氧化物/氮化物/抗反射层设备	沈阳拓荆科技有限公司
	中国
湿法清洗机	SCREEN Semiconductor Solutions Co., Ltd.
	日本
氧化层刻蚀机	盛吉盛（宁波）半导体科技有限公司
	中国
氧化刻蚀机	上海众鸿电子科技有限公司
	中国
真空灌胶机	上海利亘实业有限公司
	阿特拉斯科普柯工业技术（上海）有限公司苏州分公司
	中国
高真空离子镀膜金属溅射机	亦亨电子（上海）有限公司
	中国
DBC 贴装设备	兴昇科技股份有限公司
	ISP System
	法国
基于 TEOS 的化学气相沉积	沈阳拓荆科技有限公司
	中国
晶圆测试探针机	株式会社东京精密
	日本
次常压化学气相沉积	CNS Co., Ltd.
	韩国
全自动晶圆切环机	Mechatronic Systemtechnik GmbH
	奥地利
全自动晶圆划片贴膜机	琳得科胶膜科技（上海）有限公司
	日本
全自动晶圆背面 Taiko 减薄机	迪思科科技（中国）有限公司
	日本
物理气相沉积机	SPTS Technologies Limited
	英国

续表

上游设备	中间商或供应商、制造地信息
自动光学检测机台	Rudolph Technologies, Inc.
	美国
	KLA Corporation
	美国
干法去胶机	U Chain Semiconductor Co., Ltd.
	中国台湾
金属膜厚测量仪	Rudolph Technologies, Inc.
	美国
PDFN 产品塑封机	先进太平洋（香港）有限公司
	中国香港
等离子体聚合物刻蚀机	新耕（香港）有限公司
	Plasma Therm LLC
	美国
全自动晶圆揭膜机	日东（中国）新材料有限公司
	日本
光刻胶烘烤设备	Tokyo Electron Limited
	日本
湿法清洗机	J E T Co., Ltd.
	日本
贴片机（焊片）	香港巧源电子科技有限公司
	Infotech AG
	瑞士
高温氧化物薄膜生长机	科意半导体设备（上海）有限公司
	Kokusai Electric
	日本
焊膏贴片机	BESI Malaysia Pte. Ltd.
	马来西亚
插针机	津上智造智能科技江苏有限公司
	中国
铝线键合机	富士德中国有限公司
	K&S
	新加坡

续表

上游设备	中间商或供应商、制造地信息
超声波扫描显微镜	科视达（中国）有限公司
	PVA TePla Analytical Systems GmbH
	德国
插 Pin 机	津上智造智能科技江苏有限公司
	中国
氢气低温退火炉	ASM Europe B. V.
	荷兰
光刻涂布设备	Tokyo Electron Limited
	日本
	U CHAIN SEMICONDUCTOR Co., Ltd.
	中国台湾
光刻涂布显影设备	Tokyo Electron Limited
	日本
	沈阳芯源微电子设备股份有限公司
	中国
I-line 光刻曝光机	CANON, Inc.
	日本
槽式晶圆背面刻蚀机	无锡亚电智能装备有限公司
	中国
晶圆清洗机	沈阳芯源微电子设备股份有限公司
	中国
全自动晶圆切割机	迪思科科技（中国）有限公司
	日本
真空焊接炉（焊膏）	上海创洋电子科技有限公司
	SMT Maschinen- und Vertriebs GmbH & Co. KG
	德国
湿法清洗机	J E T Co., Ltd.
	日本
焊接炉（焊片）	香港巧源电子科技有限公司
	PNK GmbH Thermosysteme
	德国
全自动分板机	津上智造智能科技江苏有限公司
	中国

续表

上游设备	中间商或供应商、制造地信息
切割机	洛科系统私人有限公司
	新加坡
激光热退火机	上海微电子装备（集团）股份有限公司
	中国
贴片机	香港凯意技术有限公司
	Kulicke & Soffa Netherlands B. V.
	荷兰
高真空离子镀膜金属溅射机	SPTS Technologies Limited
	英国
全自动贴膜机	香港凯意技术有限公司
	Dynatech Co., Ltd.
	韩国
各向同性干法蚀刻设备	芝浦机电株式会社
	日本
金属共熔键合机	EV Group Europe & Asia/Pacific GmbH
	奥地利
模块动静态测试机	德仪先進有限公司
	LEMSYS
	瑞士
全自动晶圆划片贴膜机	琳得科胶膜科技（上海）有限公司
	日本
光阻固化低温退火炉	Tokyo Electron Limited
	日本
化学机械研磨	北京烁科精微电子装备有限公司
	中国
高真空离子镀膜金属溅射机	盛吉盛（宁波）半导体科技有限公司
	中国
晶圆测试探针机	株式会社东京精密
	东京精密
	日本
贴片机	Tresky GmbH
	德国

续表

上游设备	中间商或供应商、制造地信息
晶圆背面厚银蒸镀机	爱发科真空技术（苏州）有限公司
	中国
全自动晶圆背面减薄机	迪思科科技（中国）有限公司
	日本
离子束去平机	WESi Technology Ltd.
	Scia Systems
	德国
栅氧化薄膜生长机	Tokyo Electron Limited
	日本
氧化物薄膜生长机	Tokyo Electron Limited
	日本
非掺杂多晶硅生长机	Tokyo Electron Limited
	日本
硼磷氧化扩散炉	Tokyo Electron Limited
	日本
低压退火设备	Tokyo Electron Limited
	日本
	ASM Europe B.V.
	荷兰
晶圆缺陷自动检测设备	深圳中科飞测科技有限公司
	中国
等离子体多晶硅刻蚀机	北京北方华创微电子装备有限公司
	中国
	Z&H Electronic Co., Limited
	中国香港
光刻曝光设备	CANON, Inc.
	日本
明场扫描机	盛吉盛（宁波）半导体科技有限公司
	中国
缺陷分析机	盛吉盛（宁波）半导体科技有限公司
	中国
金属去胶剥离机	宁波润华全芯微电子设备有限公司
	中国

续表

上游设备	中间商或供应商、制造地信息
晶圆清洗机	沈阳芯源微电子设备股份有限公司
	中国
低压多晶硅生长机	科意半导体设备（上海）有限公司
	株式会社 Kokusai Electric
	日本
KGD 分选机	Ueno Asia Co., Limited
	Ueno Seiki Co., Ltd.
	日本
	香港凡易科技有限公司
	Samil Tech Co., Ltd.
	韩国
场氧化层生长反应炉	科意半导体设备（上海）有限公司
	株式会社 Kokusai Electric
	日本
光阻固化低温退火炉	Tokyo Electron Limited
	日本
低压成膜氧化炉（TEOS）	Tokyo Electron Limited
	日本
非掺杂多晶硅生长机	Tokyo Electron Limited
	日本
深硅刻蚀机	中微半导体设备（上海）股份有限公司
	中国
推拉力测试机	Cohpros International, Inc.
	Dage Precision Industries Limited
	英国
氟化氙多晶硅蚀刻机	SPTS Technologies Limited
	英国
光刻机	上海微电子装备（集团）股份有限公司
	中国
厚度量测机	深圳中科飞测科技有限公司
	中国
真空封焊炉	北京中科同志科技股份有限公司
	中国

续表

上游设备	中间商或供应商、制造地信息
去胶机	北京北方华创微电子装备有限公司
	中国
电镀机	Applied Materials South East Asia Pte. Ltd.
	美国
高真空离子镀膜金属溅射机	北京北方华创微电子装备有限公司
	中国
深孔清洗机	沈阳芯源微电子设备股份有限公司
	中国
回流机	SEMIgear, Inc.
	美国
晶圆测试机	Teradyne（Asia）Pte. Ltd.
	新加坡
刻量测机台	KLA Corporation
	美国
IPM 切筋成型机	香港凡易科技有限公司
	Samil Tech Co., Ltd.
	韩国
光学量测仪	佳霖科技股份有限公司
	N & K Technology, Inc.
	美国
低应力氮化硅生长反应炉	ASM Europe B. V.
	荷兰
介质刻蚀机	盛吉盛（宁波）半导体科技有限公司
	中国
金属刻蚀机	亦亨电子（上海）有限公司
	中国
高密度等离子体化学蒸镀机	盛吉盛（宁波）半导体科技有限公司
	中国
物理气相沉积	亦亨电子（上海）有限公司
	中国
氧化刻蚀机	上海众鸿电子科技有限公司
	中国

续表

上游设备	中间商或供应商、制造地信息
低应力氮化硅生长炉	镭社有限公司
	SPT
	美国
贴片机	先进太平洋（香港）有限公司
	ASM Pacific（HONGKONG）Limited
	中国香港
高束流离子注入机	亚舍立科技股份有限公司
	Axcelis Technologies, Inc.
	美国
晶圆背面刻蚀机	Lam Research International Sarl
	瑞士
光阻固化低温退火炉	Tokyo Electron Limited
	日本
干法去胶机	U Chain Semiconductor Co., Ltd.
	中国台湾
等离子体多晶硅刻蚀机	Lam Research International Sarl
	瑞士
化学气相沉积	盛吉盛（宁波）半导体科技有限公司
	中国
真空回流炉	依科视能科技有限公司
	SMT Maschinen- und Vertriebs GmbH & Co. KG
	德国
PDFN	TOWA 株式会社
	日本
CP 测试探针台	株式会社东京精密
	日本
金属剥离机	沈阳芯源微电子设备股份有限公司
	中国
高压半自动探针台	Formfactor Beaverton, Inc.
	德国
薄片晶圆背面刻蚀机	Lam Research International Sarl
	瑞士

续表

上游设备	中间商或供应商、制造地信息
铜片焊接机	先进太平洋（香港）有限公司
	中国香港
化学镀贴膜机	均硕国际股份有限公司
	Takatori Corporation
	日本
功率模块测试机	Eagle Test Systems, Inc.
	美国
空穴扫描机	Cohpros International Inc.
	Nordson Sonoscan
	美国
功率模块研磨机	香港凡易科技有限公司
	SUHWOO
	韩国
功率模块切筋成形机	香港凡易科技有限公司
	Samil Tech Co., Ltd.
	韩国
银烧结设备	Boschman Technologies B.V.
	荷兰
水平清洗机	First Exa Co., Ltd.
	日本
滚筒晶圆清洗机	OEM Group, LLC.
	美国
晶圆外观检查机	尼康
	日本
自动微裂片系统	Ellipsiz DSS Pte. Ltd.
	SELA
	以色列
各向同性干法蚀刻设备	芝浦机电株式会社
	日本
RS75全图电阻率测量	虹鸣科技股份有限公司
	Tencor
	美国

续表

上游设备	中间商或供应商、制造地信息
掩膜板颗粒 & 薄膜异常检查仪	Ellipsiz DSS Pte. Ltd.
	台湾特铨股份有限公司
	中国台湾
低压多晶硅生长机、低压退火设备	ASM Europe B. V.
	荷兰
组成成分分析机	美国纳诺股份有限公司
	美国
同时分析 WDXRF 光谱仪	株式会社理学
	Rigaku Corporation
	日本
外缘薄膜错位侦测仪	Hologenix, Inc.
	美国
撕膜机	均硕国际股份有限公司
	Takatori Corporation
	日本
氢离子注入机	Applied Materials South East Asia Pte. Ltd.
	美国

3.2.2 中芯国际国内相关供应商招商推荐

中芯国际 2022 年营业收入达 495 亿元，同比增长 38.97%；净利润 24.5 亿元，同比下降 18.66%。

作为全球第四大晶圆代工厂，中芯国际也是全球第六家掌握 14nm 制程工艺的晶圆制造行业企业，如果 14nm 技术稳定量产优良，则可以解决国内大部分企业对芯片的需求。

不过，中芯国际受外围因素的影响，部分机台供货期延长或有不确定性。中芯国际在业绩会上表示，对于外围因素对供应链的影响，公司与供应商积极梳理，寻找解决方案。

可见，逐步实现部分集成电路制造企业供应链的国产化替代迫在眉睫。而针对中芯国际这样的国内龙头企业，坪山区可以重点考虑通过引进目前中芯国际在生产线中已经实现国产化替代的一些优质企业进行招商引进，进而加强产业集群效应，实现从产业引进到产业培育的跨越。对上述数据进行进一步的筛选，其中国内部分供应商名录见表 3-4。

表 3-4　可推荐给中芯国际的供应商

设备	生产商	公司介绍
等离子体多晶硅刻蚀机	北京北方华创微电子装备有限公司	北方华创科技集团股份有限公司（以下简称北方华创）是由北京七星华创电子股份有限公司（以下简称七星电子）和北京北方微电子基地设备工艺研究中心有限责任公司（以下简称北方微电子）战略重组而成，是目前国内集成电路高端工艺装备的先进企业。 北方华创主营半导体装备、真空装备、新能源锂电装备及精密元器件业务，为半导体、新能源、新材料等领域提供解决方案。公司现有四大产业制造基地，营销服务体系覆盖欧、美、亚等全球主要国家和地区
去胶机		
高真空离子镀膜金属溅射机		
化学机械设备	北京烁科精微电子装备有限公司	北京烁科精微电子装备有限公司聚焦集成电路核心装备 CMP 核心主业，提供 HJP200 化学机械抛光机、HJP300 化学机械抛光机等系列产品
真空封焊炉	北京中科同志科技股份有限公司	北京中科同志科技股份有限公司，是一家专业的电子组装设备及服务提供商，是从事 SMT 生产设备及耗材的研发、生产、销售并举的高新技术企业，目前拥有多家分子公司。于 2015 年 11 月 5 日完成股份制改造。 北京中科同志科技股份有限公司研发并批量生产出大中型的无铅系列回流焊、波峰焊以及半自动丝印机、贴片机等几十种专业 SMT 生产、检测设备及科研设备
金属去胶剥离机	宁波润华全芯微电子设备有限公司	宁波润华全芯微电子设备有限公司（ALLSEMI，简称 ASI），位于宁波余姚市，在北京、武汉和厦门设有销售服务分支机构。公司专注于新型电子器件生产设备的研发、设计、销售及售后服务。全芯公司与多家知名公司合作，可提供整线设备解决方案和电子科技领域内的技术咨询服务。 公司通过 ISO9001 质量体系认证，广泛服务于化合物半导体、LED、SAW、OLED、光通信、MEMS、先进封装等新型电子器件制造领域，配备了快速响应的销售和技术服务团队
晶圆测试机	厦门新晟义科技有限公司	厦门新晟义科技有限公司，专注于半导体 CP/WAT/FT 的测试机研发，主要涉及 CP 测试机、WAT 测试机、FT 测试机、脉冲动态测试机、AOI 视觉测试分选机等主要设备

续表

设备	生产商	公司介绍
激光热退火机 光刻机	上海微电子装备（集团）股份有限公司	上海微电子装备（集团）股份有限公司（简称SMEE）主要致力于半导体装备、泛半导体装备、高端智能装备的开发、设计、制造、销售及技术服务。公司设备广泛应用于集成电路前道、先进封装、FPD面板、MEMS、LED、Power Devices等制造领域
氧化层刻蚀机	上海众鸿电子科技有限公司	上海众鸿半导体设备有限公司为上海众鸿电子科技有限公司全资子公司，于2019年1月在临港自由贸易新片区成立，从事半导体及晶圆制程设备研发、制造、销售与售后服务。研发中心位于临港新片区新侨产业园内，主要进行光刻序列涂胶显影设备国产化研发。公司于2011年1月创建，是一家以中国为基地、面向全球的高端设备公司，为集成电路和泛半导体行业提供极具竞争力的高端设备和高质量的服务。致力于成为国际领先的高端电子工艺装备服务商
晶圆表面颗粒检测机 晶圆缺陷自动检测设备 厚度量测机	深圳中科飞测科技有限公司	深圳中科飞测科技股份有限公司是自主研发和生产工业智能检测装备的高科技创新企业。 公司自主研发针对生产质量控制的世界领先的光学检测技术，以工业智能检测设备为核心产品。 最具代表性的产品和服务有：三维形貌量测系统SKYVERSE-900系列，表面缺陷检测系统SPRUCE系列，智能视觉缺陷检测系统BIRCH系列，3C电子行业精密加工玻璃手机外壳检测系统TOTARA系列
基于硅烷的氧化物/氮化物设备 基于TEOS的化学气相沉积	沈阳拓荆科技有限公司	沈阳拓荆科技有限公司成立于2010年4月，专业从事高端半导体薄膜设备的研发、生产、销售与技术服务。公司多次承担国家重大专项。2016年、2017年、2019年获评中国半导体行业协会授予的"中国半导体设备五强企业"称号。公司于2020年在北京、上海、海宁成立三家子公司。 公司拥有12英寸PECVD（等离子体化学气相沉积设备）、ALD（原子层薄膜沉积设备）、SACVD（次常压化学气相沉积设备）三个完整系列产品，拥有自主知识产权，技术指标达到国际同类产品先进水平，产品主要应用于集成电路晶圆制造，以及TSV封装、光波导、Micro-LED、OLED显示等高端技术领域。公司在北京、上海、武汉、合肥、天津、台湾等20多个地区的近40条生产线都设有技术服务中心，为客户提供每周7天、每天24小时的技术服务

续表

设备	生产商	公司介绍
光刻涂布显影设备	沈阳芯源微电子设备股份有限公司	沈阳芯源微电子设备股份有限公司成立于2002年,是由中国科学院沈阳自动化研究所发起创建的国家高新技术企业,专业从事半导体生产设备的研发、生产、销售与服务。 公司坐落在沈阳市浑南区,公司占地2万平方米,设置了专业的集成电路工艺开发和检测实验室以及半导体设备生产组装车间。公司通过多年技术积累、创新提高,形成自主知识产权体系,已拥有授权专利195项,其中发明专利151项。公司所开发的涂胶机、显影机、喷胶机、去胶机、湿法刻蚀机、单片清洗机等产品,已形成完整的技术体系和丰富的产品系列,可根据用户的工艺要求量身定制。产品适应不同工艺等级的客户要求,广泛应用于半导体生产、高端封装、MEMS、LED、OLED、3D-IC TSV、PV等领域。可满足300mm前道制程及300mm先进封装厚胶工艺制程。芯源公司连续承担国家02科技重大专项《极大规模集成电路制造装备及成套工艺》项目,连续两年被评为中国半导体行业十强企业
晶圆清洗机		
深孔清洗机		
金属剥离机		
晶元表面厚度测试机	盛吉盛(宁波)半导体科技有限公司	盛吉盛(宁波)半导体科技有限公司(Semiconductor Global Solutions)由芯鑫融资租赁、中芯控股(SMIC holding)、韩国Triplecores及芯空间(IC SPACE)共同出资打造,于2018年落户宁波鄞州。盛吉盛主要从事二手半导体设备及配件的翻新、改造、安装、维护及销售,半导体设备的开发、生产及销售;盛吉盛专注于半导体新设备的开发和销售,并提供半导体制造相关的备件和技术服务,以及持续改善计划
晶圆浓度测量设备		
氧化层刻蚀机		
高真空离子镀膜金属溅射机		
明场扫描机		
缺陷分析机		
介质刻蚀机		
高密度等离子体化学蒸镀机		
化学气相沉积设备		
槽式晶圆背面刻蚀机	无锡亚电智能装备有限公司	无锡亚电智能装备有限公司是半导体晶圆行业湿法制程服务商,专注于晶圆前道湿法刻蚀清洗技术,是国内首批推进半导体高端设备国产化的企业之一。公司核心产品为6英寸、8英寸、12英寸湿法刻蚀清洗设备,包括槽式设备和单片设备,涵盖多种前道湿法工艺,如B Clean、Oxide Remove、Nitride Remove、PRStrip、Particle Remove、Solvent Clean、Wafer Reclaim、metal Etch等。此外,为应对个性化的清洗需求,公司还研发了多种辅助清洗机台,如炉管清洗机、片盒清洗机、部件清洗机、本地化学品供液设备、湿法工作台、烘箱等。目前已与无锡上华、宁波中芯、广州粤芯、无锡华虹、重庆华润微电子等客户达成友好合作

续表

设备	生产商	公司介绍
介质刻蚀机	亦亨电子（上海）有限公司	亦亨电子（上海）有限公司成立于2011年11月25日，主要经营范围为生产、研发、加工工业用机械设备、机械手、高精度电子仪器，销售公司自产产品并提供售后服务及技术咨询服务等
高真空离子镀膜金属溅射机		
金属刻蚀机		
物理气相沉积设备		
深硅刻蚀机	中微半导体设备（上海）股份有限公司	中微半导体（深圳）股份有限公司（总部位于深圳，在北京、上海、中山、成都、重庆、杭州和新加坡等地设有研发中心和分支机构）成立于2001年，是知名芯片设计公司，专注于混合信号SoC创新研发。公司提供以8位/32位内核为核心，并整合高精度模拟、射频、驱动的混合信号SoC及算法的高品质芯片设计平台研发与技术服务，产品广泛覆盖家电、无刷电机、无线互联、新能源、智能安防、工业控制、汽车等应用领域

3.3 集成电路细分产业招商信息搜集及推荐

3.3.1 国外先进企业引进推荐

IC Insights发布了《2021—2025年全球晶圆产能报告》，该报告列出了截至2020年12月全球25家最大的200mm当量晶圆月装机容量排名。前5大晶圆产能厂商每个月的产能至少为150万片。2020年，前5大厂商总产能占全球晶圆产能的54%，较上年上升一个百分点。

相比之下，在2009年，排名前10位的晶圆产能占全球总产能的54%，排名前5位的晶圆产能占36%。排在前5名之后的厂商晶圆产能迅速下滑。英特尔（8884k晶圆/月）、联华电子（7772k晶圆/月）、格芯、德州仪器和中芯国际位列前10名。

报告显示，三星的晶圆装机容量最大，每月有310万片200mm当量的晶圆，这相当于全球总产能的14.7%。排名第2位的是台积电，月产能约270万片，占全球总产能的13.1%。美光排名第3位，月产能略多于190万片，占全球的9.3%。排名第4位的是SK海力士，月产能接近190万片，占全球的9%，其中8成以上用于DRAM和NAND芯片。排名第5位的是铠侠，月产能160万片，占全球的7.7%，其中包括为西部数据提供的大量NAND芯片。

行业内5家最大的纯晶圆代工厂——台积电、联电、格芯、中芯国际和力晶（包括Nexchip）都位列前12名。截至2020年12月，这5家晶圆代工厂的总产能约为每月510万片，约占全球晶圆代工厂总产能的24%。

从数据可以看出，集成电路产业目前的主要生产及制造厂商还是集中在国外，因此对国外相关企业的调研、引进，对于我国集成电路产业融入双循环的国际环境，还是有一定积极作用的。通过前期数据搜索及调研，对专利数据进行评估后，筛选出国外集成电路领域中较为优质的科技型企业，形成的招商信息见表 3-5。

表 3-5　国外集成电路领域中较为优质的科技型企业

产业位置	产业节点	产业细分	优质科技型企业
上游	集成电路设备	封装测试	松下电器产业株式会社
			泰克元有限公司
			浜松光子学株式会社
			先进科技新加坡有限公司
			三星电子株式会社
		圆晶制造	罗门哈斯电子材料 CMP 控股股份有限公司
			三星电子株式会社
			应用材料公司
			斯伊恩股份有限公司
			株式会社半导体能源研究所
		单晶硅制片	罗门哈斯电子材料 CMP 控股股份有限公司
			株式会社东芝
			兰姆研究有限公司
			嘉柏微电子材料股份公司
			JSR 株式会社
	集成电路材料	封装材料	日立化成工业株式会社
			古河电气工业株式会社
			日东电工株式会社
			新光电气工业株式会社
			琳得科株式会社
		基体材料	住友电气工业株式会社
			三菱电机株式会社
			克里公司
			株式会社电装
			昭和电工株式会社

续表

产业位置	产业节点	产业细分	优质科技型企业
上游	集成电路材料	制造材料	东京应化工业株式会社
			罗门哈斯电子材料有限公司
			卡伯特微电子公司
			罗门哈斯电子材料 CMP 控股股份有限公司
			长濑产业株式会社
中游	集成电路产品	集成电路芯片	三星电子株式会社
			英特尔公司
			美光科技公司
			国际商业机器公司
			爱思开海力士有限公司
	集成电路生产	集成电路设计	松下电器产业株式会社
			国际商业机器公司
			株式会社东芝
			瑞萨电子株式会社
			新思科技有限公司
		集成电路制造	株式会社半导体能源研究所
			三星电子株式会社
			株式会社东芝
			海力士半导体有限公司
			松下电器产业株式会社

3.3.2 国产替代优质企业推荐

根据"2021 世界半导体大会暨南京国际半导体博览会"呈现的数据，目前中国是全球主要的电子信息制造业的生产基地，已成为全球规模最大、增速最快的集成电路市场。

工业和信息化部负责人在会上表示，我国已成为全球增速最快的集成电路市场。2020 年我国集成电路产业规模达到 8848 亿元，"十三五"期间年均增速近 20%，为全球同期增速的 4 倍。同时，我国集成电路产业在技术创新与市场化方面取得了显著突破，设计工具、制造工艺、封装技术、核心设备、关键材料等方面都有显著提升。

随着我国数字经济快速发展，半导体市场前景可观。专家表示，在 5G、人工智能（AI）、智能网联汽车等新型应用的带动下，全球半导体市场将保持持续增长势头，中国集成电路市场需求仍将持续增长，重要性也将进一步提升。我国集成电路产业 2021

年第一季度呈现超高速增长，销售额达到1739.3亿元，同比增长18.1%。2021年，全球集成电路产业迎来快速发展期。仅第一季度，全球半导体产品销售额达到1231亿美元，同比增长17.8%，创历史新高。预计到2030年，全球半导体市场有望达到万亿美元。在国内大循环、国内国际双循环的促进下，我国集成电路产业仍保持着高速增长的趋势，中国半导体产业发展可期。

通过前期数据搜索及调研，对专利数据进行评估后，筛选出国内集成电路领域中比较符合坪山区发展阶段及定位并相对较为优质的科技型企业，形成的招商信息见表3-6。

表3-6 国内集成电路领域中比较符合坪山区发展阶段及定位的较为优质的科技型企业

产业位置	产业节点	产业细分	优质科技型企业
上游	集成电路设备	封装测试	华进半导体封装先导技术研发中心有限公司
			山东浪潮华光光电子股份有限公司
			南通富士通微电子股份有限公司
			江苏长电科技股份有限公司
		圆晶制造	盛美半导体设备（上海）有限公司
			和舰科技（苏州）有限公司
			上海先进半导体制造股份有限公司
			沈阳芯源微电子设备股份有限公司
			上海华力集成电路制造有限公司
			上海技美电子科技有限公司
			上海新傲科技股份有限公司
			上海晶盟硅材料有限公司
			浙江中纳晶微电子科技有限公司
		单晶硅制片	隆基绿能科技股份有限公司
			镓特半导体科技（上海）有限公司
	集成电路材料	封装材料	全懋精密科技股份有限公司
			欣兴电子股份有限公司
			南茂科技股份有限公司
			华进半导体封装先导技术研发中心有限公司
			宁波康强电子股份有限公司
			厦门永红科技有限公司
			四川金湾电子有限责任公司

续表

产业位置	产业节点	产业细分	优质科技型企业
上游	集成电路材料	基体材料	山东天岳先进材料科技有限公司
			郑州磨料磨具磨削研究所有限公司
			北京世纪金光半导体有限公司
			厦门市三安集成电路有限公司
			北京通美晶体技术有限公司
		制造材料	安集微电子（上海）有限公司
			江阴江化微电子材料股份有限公司
			浙江博瑞电子科技有限公司
			东莞市欧莱溅射靶材有限公司
			宁波江丰电子材料股份有限公司
			上海新阳半导体材料股份有限公司
			苏州晶瑞化学股份有限公司
			常州强力电子新材料股份有限公司
			江阴润玛电子材料股份有限公司
			深圳市容大感光科技股份有限公司
中游	集成电路产品	集成电路芯片	旺宏电子股份有限公司
			群联电子股份有限公司
			华邦电子股份有限公司
			威盛电子股份有限公司
			北京兆易创新科技股份有限公司
			中兴通讯股份有限公司
			联华电子股份有限公司
			力晶半导体股份有限公司
			北京时代民芯科技有限公司
			京微雅格（北京）科技有限公司
	集成电路生产	集成电路设计	北京华大九天软件有限公司
			北京兆易创新科技股份有限公司
			威盛电子股份有限公司
			北京中星微电子有限公司
			杭州广立微电子有限公司
		集成电路制造	上海华力微电子有限公司
			长江存储科技有限责任公司
			武汉新芯集成电路制造有限公司

3.4 核心技术人才信息搜索及推荐

《中国集成电路产业人才白皮书（2019—2020年版）》（以下简称《白皮书》）指出，按照当前产业发展态势及对应人均产业推算来看，到2022年前后全行业人才需求达到74.45万人左右，但领军和高端人才紧缺。另有数据显示，我国芯片人才缺口已经达到24万。

而在政策方面，《白皮书》表示，国内各级政府越来越重视集成电路产业及其人才培养并相继出台相关政策。据了解，为了进一步强调产业人才对集成电路发展的重要作用，吸引更多相关人才，我国各省市纷纷加大出台集成电路产业人才相关政策的力度。据不完全统计，2017—2020年，出台集成电路人才相关政策最多的是江苏省，广东省和浙江省紧随其后。

在高校就业方面，《白皮书》数据显示，示范性微电子学院博士毕业生更愿意进入高校或科研院所工作，本科生直接就业的比例远低于硕/博士毕业生。据统计，在全国28所示范性微电子学院中，有55%的本科生及毕业生进入集成电路行业，这个比例较2018年提高近9%，集成电路对专业人才吸引力进一步增强。从毕业生去向来看，本科毕业生有将近60%进入民营企业，硕士毕业生有将近60%进入民营企业，博士相对来说有近一半进入高校和科研院所。

《白皮书》梳理了集成电路紧缺岗位的情况，排名前5位的芯片设计岗位分别是模拟芯片设计、数字前端、数字验证、数字后端和模拟版图设计。

集成电路产业人才建设存在以下问题：一是我国领军和高端人才紧缺，对人才吸引力不足；二是人才培养师资和实训条件支撑不足，产教融合有待增强；三是我国集成电路企业间挖角现象普遍，导致人才流动频繁；四是我国对智力资本的重视程度不足，科研人员活力有待激发。

坪山区集成电路产业核心发明人见表3-7。

表3-7 坪山区集成电路产业核心发明人

产业位置	产业节点	产业细分	核心发明人	发明人简介	专利技术方向
上游	集成电路设备	封装测试	潘明强	苏州大学 微纳机电器件与控制系统，副教授	自动键合技术

续表

产业位置	产业节点	产业细分	核心发明人	发明人简介	专利技术方向
上游	集成电路设备	封装测试	田艳红	哈尔滨工业大学 教授，博士生导师。2013年教育部新世纪人才；2015年国家优青获得者；2020年入选国家高层次人才计划特岗教授；国际电子封装学会（IMAPS）会刊副主编；《材料科学与工艺》杂志编委；《电子与封装》杂志编委；中国电子学会电子封装技术专委会理事；先进焊接与连接国家重点实验室副主任	键合强度分析
		封装测试	刘日涛	山东理工大学 博士，副教授。现在山东理工大学机器人研究所从事六自由度串联及并联工业机器人控制器、驱动器及工业应用方面的相关研究	硅片键合技术
		圆晶制造	路新春	清华大学 基地主任，长江学者特聘教授，清华大学教授、博士生导师，清华大学天津高端装备研究院第一副院长	化学机械抛光
		圆晶制造	傅新	浙江大学 浙江大学求是特聘教授、博士生导师。2005年至2009年任浙江大学流体传动及控制国家重点实验室主任，2009年至2012年任浙江大学机械工程学系副主任，2012年至今任浙江大学机械工程学院教授委员会主任	光刻机气液分离
		圆晶制造	康仁科	大连理工大学 大连理工大学教授、博士生导师。大连理工大学机械工程学院现代制造技术研究所所长。2020年1月10日，获2019年度国家技术发明奖二等奖（第一完成人）	光电化学
		单晶硅制片	路新春	清华大学 基地主任，长江学者特聘教授，清华大学教授、博士生导师，清华大学天津高端装备研究院第一副院长	化学机械抛光

续表

产业位置	产业节点	产业细分	核心发明人	发明人简介	专利技术方向
上游	集成电路设备	单晶硅制片	刘玉岭	**河北工业大学** 现任河北工业大学微电子技术与材料研究所所长，天津新技术产业园区晶岭高科技有限公司总经理，第九届全国政协委员，国家级有突出贡献的中青年专家、博士生导师、学校学科带头人	晶片表面清洗
			康仁科	**大连理工大学** 大连理工大学教授、博士生导师，大连理工大学机械工程学院现代制造技术研究所所长	抛光液
	集成电路材料	封装材料	李波	**电子科技大学** 副教授。现任国家电磁辐射控制材料工程技术研究中心成员	封装陶瓷材料
			王洪	**华南理工大学** 教授，博士生导师。广东省光电工程技术研究中心/广东高校半导体照明工程研究中心主任。中国光学学会光电技术专业委员会委员，中国仪器仪表学会光机电技术与系统集成分会理事，广东省光学学会常务理事	陶瓷基
			崔旭高	**复旦大学** 光源与照明工程系副教授	复合陶瓷基板
		基体材料	张波	**电子科技大学** 教授，博士生导师。从20世纪80年代起即致力于新型功率半导体技术研究，多次担任国际会议功率半导体分会主席，2010年成为国际功率半导体器件与功率集成电路学术会议（ISPSD）技术委员会（TPC）成员（全球功率半导体最高级别专业会议，张波教授是近年来首次进入该技术委员会的国内学者），2015年ISPSD大会副主席。带领电子科技大学功率集成技术实验室（PI-TEL）主攻功率半导体技术研究	氮化镓、碳化硅

续表

产业位置	产业节点	产业细分	核心发明人	发明人简介	专利技术方向
上游	集成电路材料	基体材料	郝跃	**西安电子科技大学** 中国科学院院士，西安电子科技大学副校长，博士生导师。国际 IEEE 学会高级会员，中国电子学会常务理事，陕西电子学会、集成电路行业协会和陕西半导体照明协会理事长。国家中长期规划纲要"核心电子器件、高端通用芯片和基础软件产品"科技重大专项实施专家组组长，原总装备部微电子技术专家组组长，国家电子信息科学与工程专业指导委员会副主任委员。政协第九届、第十届全国委员会委员和第十一届全国人大代表	氮化镓、碳化硅
			杨德仁	**浙江大学** 半导体材料专家。1997 年起担任浙江大学教授，2000 年获聘教育部长江学者计划特聘教授，曾在日本、德国和瑞典访问工作，2017 年当选中国科学院院士。长期从事半导体硅材料研究，包括超大规模集成电路用硅单晶材料、太阳能光伏硅材料、硅基光电子材料及器件、纳米硅及纳米半导体材料	单晶硅片
		制造材料	卢革宇	**吉林大学** 教授、博士生导师，国家杰出青年科学基金获得者、教育部创新团队负责人、吉林大学唐敖庆特聘教授。作为国际化学传感器领域的知名学者，既有在世界知名研究室从事基础研究的经历，又有在世界 500 强企业开展产品研发的经验	纳米球
			程先华	**上海交通大学** 现为上海交通大学机械与动力工程学院教授、博士生导师，国家重点学科"机械设计及理论"工程摩擦学方向学术带头人	纳米复合薄膜
			刘敬成	**江南大学** 副教授、硕士生导师。2014 年 1 月起，在江南大学化学与材料工程学院材料系工作	聚氨酯丙烯酸酯

续表

产业位置	产业节点	产业细分	核心发明人	发明人简介	专利技术方向
中游	集成电路产品	集成电路芯片	林殷茵	**复旦大学** 复旦大学微电子研究院副院长，2005年国际集成铁电会议（ISIF2005）程序委员会委员、2006年国际固态电路和工艺技术会议程序委员会（ICSICT2006）委员	动态随机存储器
			潘立阳	**清华大学** 2003年3月起任职于清华大学微电子学研究所，现为副研究员。主要研究方向为ULSI集成电路工艺和新型半导体存储器技术	随机访问存储器
			张波	**电子科技大学** 教授，博士生导师。从20世纪80年代起即致力于新型功率半导体技术研究，多次担任国际会议功率半导体分会主席，2010年成为国际功率半导体器件与功率集成电路学术会议（ISPSD）技术委员会（TPC）成员（全球功率半导体最高级别专业会议，张波教授是近年来首次进入该技术委员会的国内学者），2015年ISPSD大会副主席。带领电子科技大学功率集成技术实验室（PI-TEL）主攻功率半导体技术研究	场控晶闸管
	集成电路生产	集成电路设计	黄如	**北京大学** 1991年和1994年毕业于东南大学，获本科和硕士学位，1997年毕业于北京大学，获博士学位。现为北京大学信息科学技术学院教授，2015年当选为中国科学院信息技术科学学部院士。主要从事半导体新器件及其应用研究。在纳米尺度新器件、超低功耗新原理器件、器件可靠性、关键共性工艺等方面做出系统创造性贡献，在国际上产生重要影响，部分成果转移至著名IC公司。曾获国家技术发明二等奖、国家科学技术进步二等奖、北京市科学技术一等奖（2次）、教育部自然科学一等奖、教育部科学技术进步奖一等奖、中国青年科技奖等多项国家和部委级奖励。担任国家自然科学基金委创新群体带头人，入选教育部长江特聘教授、国家杰青、国家百千万人才工程国家级人选等	可靠性仿真

续表

产业位置	产业节点	产业细分	核心发明人	发明人简介	专利技术方向
中游	集成电路生产	集成电路设计	洪先龙	**清华大学** 计算机系教授、博士生导师	集成电路布图
			张波	**电子科技大学** 教授、博士生导师。从20世纪80年代起即致力于新型功率半导体技术研究，多次担任国际会议功率半导体分会主席，2010年成为国际功率半导体器件与功率集成电路学术会议（ISPSD）技术委员会（TPC）成员（全球功率半导体最高级别专业会议，张波教授是近年来首次进入该技术委员会的国内学者），2015年ISPSD大会副主席。带领电子科技大学功率集成技术实验室（PI-TEL）主攻功率半导体技术研究	BCD半导体器件
		集成电路制造	黄如	**北京大学** 1991年和1994年毕业于东南大学，分别获本科和硕士学位，1997年毕业于北京大学，获博士学位。现为北京大学信息科学技术学院教授，2015年当选为中国科学院信息技术科学部院士。主要从事半导体新器件及其应用研究。在纳米尺度新器件、超低功耗新原理器件、器件可靠性、关键共性工艺等方面做出系统创造性贡献，在国际上产生重要影响，部分成果转移到著名IC公司。曾获国家技术发明二等奖、国家科学技术进步二等奖、北京市科学技术一等奖（2次）、教育部自然科学一等奖、教育部科学技术进步奖一等奖、中国青年科技奖等多项国家和部委级奖励。担任国家自然科学基金委创新群体带头人，入选教育部长江特聘教授、国家杰青、国家百千万人才工程国家级人选等	半导体异质结
			王敬	**清华大学** 2005年6月起进入清华大学微电子学研究所工作。获国家科学技术进步二等奖一项、北京市科学技术一等奖两项、中国电子学会科学技术一等奖一项，发表论文百余篇，申请国内外专利150余项，参加或主持了10余项国家级重点课题	半导体结构

续表

产业位置	产业节点	产业细分	核心发明人	发明人简介	专利技术方向
中游	集成电路生产	集成电路制造	张卫	**复旦大学** 上海市优秀学科带头人，国务院政府特殊津贴获得者。现为复旦大学微电子学院院长、教授、博士生导师	量子效应器件

3.5 小结：产业优势明显，充分利用数据支撑招商工作

3.5.1 集成电路中游为招商重点

目前，坪山区已经拥有国内汽车IGBT芯片制造龙头企业比亚迪，因此，围绕比亚迪可以进一步挖掘国内IGBT的优质企业进行招商可行性评估，进一步优化与完善坪山区在汽车芯片领域中游芯片制造的产业聚集效应，强化区域集成电路产业优势技术方向，快速形成以汽车芯片为突破点的"双招双引"新格局。

3.5.2 围绕中芯国际开展配套企业招商

中芯国际无疑是坪山区新引进的最大集成电路企业，坪山区可以考虑围绕中芯国际供应链上的国内重点供货商开展针对性的招商引资工作，为中芯国际形成更加完整的区域供应商体系，逐步围绕集成电路晶圆工艺、设备制造、原材料厂商等多元化产业布局，形成产业集群效应，优化供应链体系，为区域相关企业降本增效。

3.5.3 通过产业细分筛选优质招商企业

整个集成电路产业是信息化时代最复杂的科技产业之一，其上中下游的每一个细分技术，都需要全国乃至全球的相关企业进行协同，因此，未来能够形成完整的集成电路制造、设计、封测等环节的国家或地区，将成为引领未来技术发展和产业升级的核心。坪山区可以通过全产业链的优质企业分布数据，在未来"双招双引"工作中筛选与定位符合区域发展的优秀企业，充分发挥产业链精准招商的优势，定点强链补链，强化产业集群优势。

第 4 章 重点推荐对象的知识产权分析

根据上一章节的分析，坪山区集成电路制造相关环节的"双招双引"工作需围绕已有的产业以及未来能够形成区域集群优势的产业展开。国内集成电路产业目前在上游的设备、材料属于薄弱环节，在中下游的封装测试具有一定优势，因此结合坪山区集成电路的产业情况，可从以下两方面开展分析：一方面，坪山区可立足现有产业优势，壮大其产业规模和协作能力，即可围绕比亚迪在 IGBT 芯片上的产业优势进行招商；另一方面，围绕自身薄弱环节，强链补链，促使区域形成更合理完善的产业链，即可在材料、设备、封测等环节引入优质的科创企业。

在上一章节分析中，已经列出了国内在 IGBT、集成电路材料、设备及封测领域较为优质的企业名录，这一章节将围绕不同产业链环节的 7 家招商目标企业——IGBT（嘉兴斯达半导体股份有限公司）、材料（安集微电子（上海）有限公司、上海新阳半导体材料股份有限公司）、设备（北京北方华创微电子装备有限公司、沈阳芯源微电子设备股份有限公司）、封测（华进半导体封装先导技术研发中心有限公司、江苏长电科技股份有限公司）展开初步的知识产权分析评议工作。

4.1 嘉兴斯达半导体股份有限公司专利分析

4.1.1 专利总体情况：专利布局均在国内

嘉兴斯达半导体股份有限公司（以下简称斯达半导体）成立于 2005 年 4 月，总部设于浙江嘉兴，是一家专业从事功率半导体芯片和模块，尤其是 IGBT 芯片和模块研发、生产和销售服务的国家级高新技术企业，其在浙江、上海和欧洲均设有子公司，并在国内和欧洲设有研发中心。

截至检索日，斯达半导体共提交了 181 件专利申请，其中，发明申请 74 件、实用新型 97 件、外观设计 10 件。

在法律状态方面，目前斯达半导体总共有有效专利 116 件，失效专利 39 件，审查中专利 25 件，PCT 国际申请 1 件。

在专利价值度方面，斯达半导体 65% 以上的专利在 5 分以上，其中 9 分及以上的专利约为 37%，如图 4-1 所示。总体而言，高质量专利较多，但是质量较低的专利也存在一定的占比，专利质量仍有较大的提升空间。

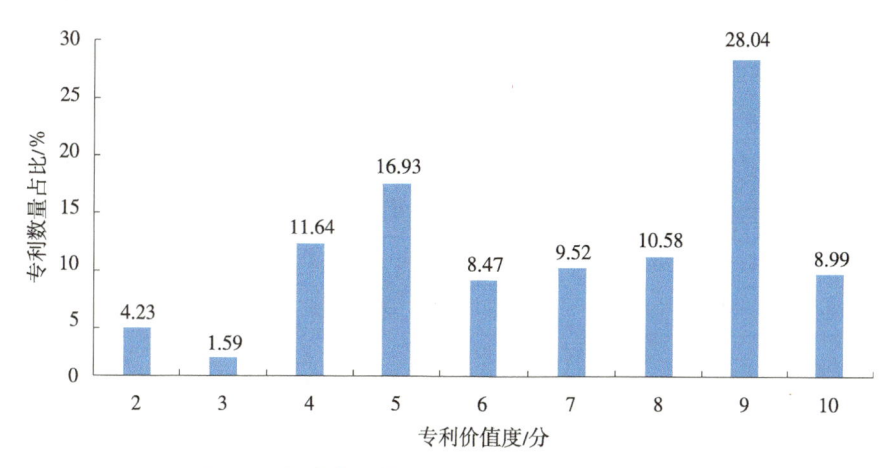

图 4-1 斯达半导体集成电路产业专利价值度分布

在专利运营方面，目前斯达半导体的专利中，涉及转让和受让的专利申请共 53 件，其中斯达半导体转让出去的专利申请为 51 件，受让的专利申请为 2 件，斯达半导体的专利申请均转让给其投资成立的嘉兴斯达微电子有限公司，而受让的专利申请均来自湖南智仁科技有限公司，具体情况见表 4-1。此外，还有 25 件专利申请进行了知识产权质押融资。

表 4-1 嘉兴斯达半导体转让和受让集成电路专利

序号	标题	申请号	申请人
1	功率器件的功率循环系统	CN201110449950.9	嘉兴斯达微电子有限公司
2	一种小功率绝缘栅双极性晶体管*全桥模块	CN201410033919.0	嘉兴斯达微电子有限公司
3	一种将功率半导体模块端子焊接到基板的方法	CN201410034060.5	嘉兴斯达微电子有限公司
4	一种便于安装的功率半导体模块	CN201410033330.0	嘉兴斯达微电子有限公司
5	一种带电极压力装置的功率半导体模块	CN201410034014.5	嘉兴斯达微电子有限公司
6	一种沟槽 IGBT 器件的制造方法	CN201510228626.2	嘉兴斯达微电子有限公司
7	一种散热一体化功率模块的封装结构	CN201420045520.X	嘉兴斯达微电子有限公司

---

* 绝缘栅双极晶体管为电子工程术语，本书中所用的"绝缘栅双极性晶体管"和"绝缘栅双极型晶体管"为专利文献原标题，用法不统一，建议保留不改。——编辑注

续表

序号	标题	申请号	申请人
8	高集成智能型功率模块	CN200910102247.3	嘉兴斯达微电子有限公司
9	一种智能半导体功率模块	CN201410033419.7	嘉兴斯达微电子有限公司
10	一种高频大功率碳化硅 MOSFET 模块	CN201420045476.2	嘉兴斯达微电子有限公司
11	一种固体可变电阻器	CN201520119516.8	湖南智仁科技有限公司
12	一种四象限绝缘栅双极性晶体管模块	CN201410033389.X	嘉兴斯达微电子有限公司
13	一种大功率半桥模块	CN201410033293.3	嘉兴斯达微电子有限公司
14	功率器件的功率循环系统	CN201120562050.0	嘉兴斯达微电子有限公司
15	一种带电极压力装置的功率半导体模块	CN201420044717.1	嘉兴斯达微电子有限公司
16	一种组合式键合外壳	CN201410033446.4	嘉兴斯达微电子有限公司
17	新型直接敷铜基板布局的绝缘栅双极性晶体管模块	CN200910097410.1	嘉兴斯达微电子有限公司
18	一种平板式功率半导体模块	CN201420044784.3	嘉兴斯达微电子有限公司
19	带门极电阻布局的功率 MOSFET 模块	CN200910097414.X	嘉兴斯达微电子有限公司
20	一种小型的功率半导体模块	CN201120568033.8	嘉兴斯达微电子有限公司
21	一种无铅扩散焊的功率模块	CN201510228842.7	嘉兴斯达微电子有限公司
22	一种新型无底板功率模块	CN201010530420.2	嘉兴斯达微电子有限公司
23	带卡环结构外壳的功率半导体模块	CN201520286787.2	嘉兴斯达微电子有限公司
24	高集成智能型功率模块	CN200920196140.5	嘉兴斯达微电子有限公司
25	一种便于安装的功率半导体模块	CN201420044761.2	嘉兴斯达微电子有限公司
26	一种 IGBT 芯片结构	CN201420045503.6	嘉兴斯达微电子有限公司
27	一种新型封装的功率模块	CN201220260890.6	嘉兴斯达微电子有限公司
28	一种电网友好型空调控制器	CN201420252522.6	湖南智仁科技有限公司
29	功率半导体模块	CN201420045458.4	嘉兴斯达微电子有限公司
30	低杂散电感的功率模块	CN200910097413.5	嘉兴斯达微电子有限公司
31	一种整体注塑封装的智能功率模块	CN201420044918.1	嘉兴斯达微电子有限公司
32	一种针对电动汽车应用的 IGBT 功率模块	CN201220261679.6	嘉兴斯达微电子有限公司
33	一种新型高可靠功率模块	CN201220261167.X	嘉兴斯达微电子有限公司
34	一种金属连接件及功率半导体模块	CN201420044967.5	嘉兴斯达微电子有限公司
35	二极管功率模块	CN201520286782.X	嘉兴斯达微电子有限公司
36	一种带有热管系统的功率模块	CN201510226009.9	嘉兴斯达微电子有限公司
37	带有热管系统的功率模块	CN201520287126.1	嘉兴斯达微电子有限公司

续表

序号	标题	申请号	申请人
38	一种物体表面镀层厚度的检测装置及过程管控方法	CN201510228609.9	嘉兴斯达微电子有限公司
39	一种物体表面镀层厚度的检测装置	CN201520290069.2	嘉兴斯达微电子有限公司
40	一种功率半导体模块	CN201420045576.5	嘉兴斯达微电子有限公司
41	一种利用水冷散热器双面散热的模块功率封装结构	CN201420044781.X	嘉兴斯达微电子有限公司
42	基于逆变焊机主电路的一种优化结构	CN201220261548.8	嘉兴斯达微电子有限公司
43	一种用激光阻焊的功率模块	CN201510228562.6	嘉兴斯达微电子有限公司
44	一种功率模块和制造功率模块过程中控制焊料厚度的方法	CN201510225879.4	嘉兴斯达微电子有限公司
45	一种功率模块及制作方法	CN201510225926.5	嘉兴斯达微电子有限公司
46	一种功率模块	CN201520286739.3	嘉兴斯达微电子有限公司
47	一种精准测量平整物整体曲面的测量装置及测量方法	CN201510231275.0	嘉兴斯达微电子有限公司
48	一种精准测量平整物整体曲面的测量装置	CN201520293743.2	嘉兴斯达微电子有限公司
49	用激光阻焊的功率模块	CN201520290138.X	嘉兴斯达微电子有限公司
50	一种用于绝缘栅双极型晶体管模块的基板	CN200910097411.6	嘉兴斯达微电子有限公司
51	一种功率模块封装用的散热基板	CN201420045431.5	嘉兴斯达微电子有限公司
52	一种逆变焊机的拓扑结构	CN201420045634.4	嘉兴斯达微电子有限公司
53	功率端子直接键合的功率模块	CN200910097415.4	嘉兴斯达微电子有限公司

4.1.2 核心发明人分析：高管为核心发明人，团队贡献相对均衡

斯达半导体的核心发明人中，高管为核心发明人员，占据了较高的比例，显示其具有技术型的管理团队，其中专利申请量居第1位的姚礼军（23件）为研发经理；并列居第2位的戴志展（17件）为副总经理，沈华（17件）为公司首席执行官（CEO）。

统计专利数量超过10件的发明人专利数据，对各自专利申请技术内容进行分析，并归纳技术方向信息，得出核心发明人的技术方向见表4-2。

表 4-2 斯达半导体集成电路产业核心发明人技术方向

发明人	专利数量/件	个人情况	技术方向
姚礼军	23	研发经理	封装工艺
戴志展	17	副总经理	表面镀层工艺
沈华	17	首席执行官	直接键合工艺
张贺源	14	高管	直接键合工艺
金晓行	11	热设计工程师	半桥
刘志宏	10	研发总监	直接键合工艺
胡少华	10	监事	门极电阻

4.1.3 专利技术分析：布局目标明确

1）技术领域分布：半导体器件是主要专利技术布局方向。

对斯达半导体专利进行 IPC 统计，从而明确其专利布局方向。根据统计数据，其在 H01L（半导体器件）领域布局专利最多，其次是 H02M（供电系统设备）。其中，半导体器件的专利数量远远领先于其他技术点，具体的 IPC 分布情况见表 4-3。

表 4-3 斯达半导体集成电路产业专利 IPC 布局数量

IPC	释义	专利数量/件
H01L	半导体器件	133
H02M	供电系统设备	10
G01R	测量电变量	7
H05K	印刷电路	7
B23K	钎焊或脱焊	6
B21C	用非轧制的方式生产金属板等	5
G01B	计量设备	4
B21D	金属板或管加工或处理	3
C21D	改变黑色金属的物理结构	3
B08B	一般清洁	2

2）技术聚类分析：绝缘栅双极晶体管是其技术研究热点。

对斯达半导体专利进行技术聚类分析，得到其技术研究热点，主要集中于绝缘栅双极性晶体管。

具体技术聚类情况见表 4-4。

表 4-4　斯达半导体集成电路产业专利技术分类

技术主分类	技术细分
功率半导体 1（34 件）	低压抽屉（1 件）
	可靠性试验（7 件）
	小夜灯（3 件）
	功率半导体（20 件）
	可变电阻器（3 件）
沟槽（16 件）	大厚度（4 件）
	制备（1 件）
	芯片（2 件）
	沟槽（8 件）
	IGBT（1 件）
功率半导体 2（49 件）	直接键合（17 件）
	拓扑（1 件）
	功率半导体（23 件）
	杂散电感（6 件）
	绝缘栅双极性晶体管（2 件）
绝缘栅双极性晶体管（77 件）	软钎焊（14 件）
	绝缘栅双极性晶体管（30 件）
	绝缘栅双极型晶体管（4 件）
	水冷散热器（14 件）
	薄型大功率（15 件）
小夜灯（13 件）	友好（1 件）
	散热功率（2 件）
	功率器件（4 件）
	小夜灯（5 件）
	电子表格（1 件）

根据上述数据绘制技术布局图如图 4-2 所示。

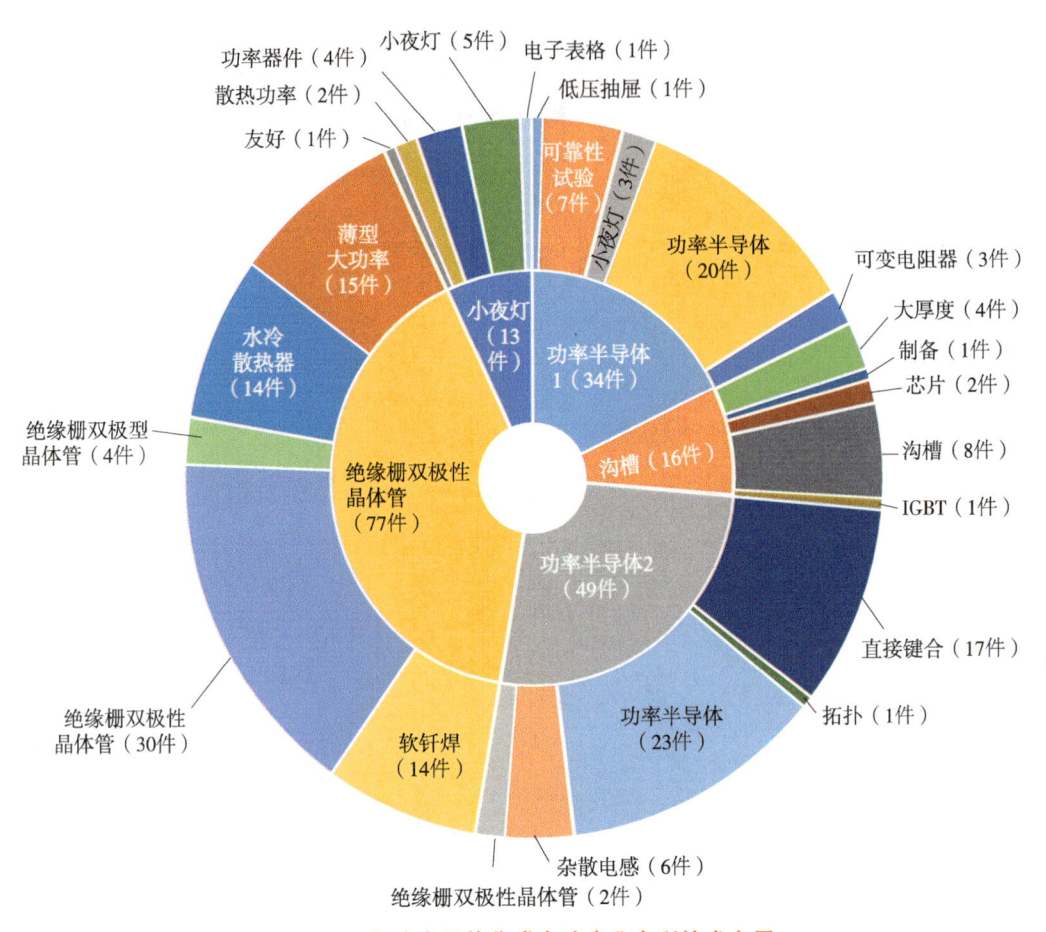

图 4-2 斯达半导体集成电路产业专利技术布局

3）技术发展路径：从可靠性问题研究向复杂性问题研究转变。

2014—2022 年，斯达半导体的专利申请围绕解决可靠性等问题，其主要研究方向为半导体器件，半导体器件可靠性问题的解决一直是其关注研究的重点。但在 2022 年，其更加关注半导体器件的复杂性降低与效率提高问题的解决。

4.2 安集微电子（上海）有限公司专利分析

安集微电子（上海）有限公司（以下简称安集微电子）是一家以自主创新为主，集研发、生产、销售及技术服务为一体的半导体材料公司。公司主营业务为关键半导体材料的研发和产业化，目前产品包括不同系列的化学机械抛光液和光刻胶去除剂，主要应用于集成电路芯片制造和先进封装领域。

公司位于上海浦东新区，在上海拥有一个研发中心和一个生产基地，并在我国台湾地区、浙江宁波分别设立全资子公司。目前客户遍及中国、美国、欧洲、新加坡、马来西亚等国家和地区。

4.2.1 专利总体情况：发明为主，多国布局

从 2005 年起截至检索日，安集微电子在全球提交了 884 件专利申请，均为发明专利申请。其中，中国大陆地区专利申请 597 件，中国台湾地区专利申请 108 件，PCT 专利申请 179 件。

在专利价值度方面，安集微电子约 90% 的专利在 5 分及以上，其中 8 分及以上价值度的专利接近 40%，整体专利质量相对较高，如图 4-3 所示。

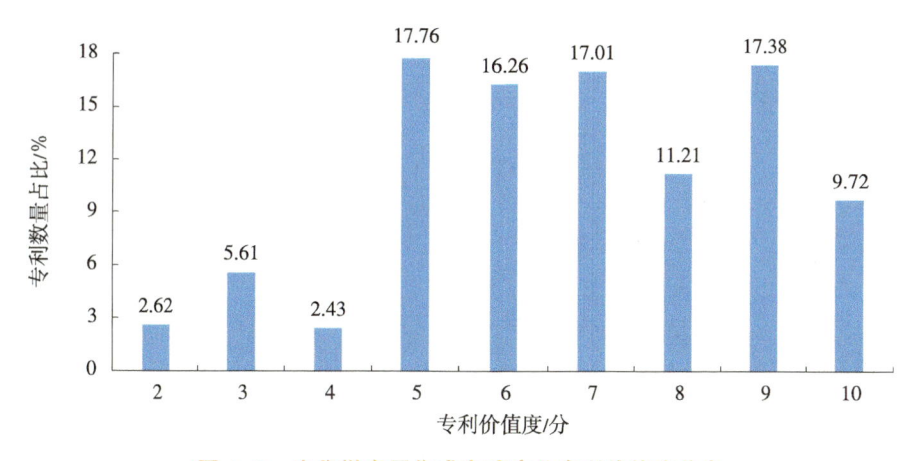

图 4-3 安集微电子集成电路产业专利价值度分布

在专利运营方面，目前安集微电子转让、许可的专利均为内部转让或内部许可，专利的外部转让、许可或市场运营对于安集微电子来说目前仍为空白领域。

4.2.2 核心发明人分析：高管为核心发明人，技术团队稳定性强

安集微电子的核心发明人中，高管及核心技术人员占比相对较高。其中专利申请量居第 1 位的荆建芬（199 件）为安集科技研发总监；居第 2 位的刘兵（167 件）为安集科技的研发副总监；居第 3 位的彭洪修（146 件）为安集科技的产品管理总监。

统计前 10 位的发明人专利数据，对各自专利申请技术内容进行分析，并归纳技术方向信息，得出核心发明人的技术方向见表 4-5。

表 4-5 安集微电子集成电路产业核心发明人技术方向

发明人	专利数量/件	个人情况	技术方向
荆建芬	199	科技研发总监，华东理工大学材料学专业硕士学位，上海市工程系列集成电路专业高级工程师，入选"张江人才"。历任上海胶带股份有限公司项目主管，上海纳诺微新材料科技有限公司技术部主任。2005年1月至今历任上海安集研发工程师、研发经理、研发总监、产品管理总监	硅通孔、化学机械抛光、低介电材料
刘兵	167	研发副总监	光阻蚀刻、缓蚀剂
彭洪修	146	产品管理总监	等离子刻蚀、清洗液
姚颖	128	工程师	平坦化、化学机械抛光液
蔡鑫元	115	工程师	化学机械抛光液、磷酸酯表面活性剂
王晨	100	高级工程师	抛光、碱性抛光液
王雨春	82	副总经理	化学机械抛光液、抛光工艺
孙广胜	76	工程师	光刻胶、磨削液、等离子刻蚀
何华锋	75	工程师	化学机械抛光液、抛光工艺
宋伟红	72	工程师	硅通孔、混合磨料

4.2.3 专利技术分析：重点方向明确

1) 技术领域分布：半导体工艺是主要专利技术布局方向。

对安集微电子800多件专利申请进行IPC统计，以明确安集微电子的专利布局方向。根据统计数据，安集微电子在C部（化学；冶金）领域布局专利最多，即半导体工艺方面的专利布局最多，其次是半导体器件。具体IPC分布情况见表4-6。

表 4-6 安集微电子集成电路产业专利 IPC 分布

IPC	释义	专利数量/件
C09G	抛光组合物	517
H01L	半导体器件	328
G03F	图纹面的照相制版工艺	184
C09K	应用材料	139
C11D	洗涤剂组合物	130
C23F	非机械方法去除表面金属材料	105
C23G	化学法金属材料清洗及除油	56

续表

IPC	释义	专利数量/件
B24B	磨削或抛光机床削	45
C01F	金属化合物	23
B08B	污垢的防除	14

2）技术聚类分析：研磨与光刻材料为研究热点。

对安集微电子 800 多件专利申请进行技术聚类分析，得到其技术主分类以及技术细分数据。其中，集成电路衬底材料的平坦化、混合磨料、光刻胶为安集微电子最主要的研究热点。具体技术分布情况见表 4-7。

表 4-7　安集微电子集成电路产业专利技术分类

技术主分类	技术细分
光阻层（46 件）	电子级（3 件）
	光阻层（19 件）
	保护液（9 件）
	抛光机（3 件）
	低介电材料（12 件）
平坦化（170 件）	平坦化（49 件）
	STI（13 件）
	硅基材（42 件）
	碱性阻挡层（21 件）
	抛光浆料（45 件）
混合磨料（139 件）	氧化铈（10 件）
	化学机械抛光液（39 件）
	介电材料（28 件）
	混合磨料（41 件）
	抛光浆料（21 件）
光刻胶（154 件）	组合物（40 件）
	切割液（22 件）
	光阻（28 件）
	光刻胶（42 件）
	磷酸酯表面活性剂（22 件）

续表

技术主分类	技术细分
非离子型聚合物（26件）	非离子型聚合物（12件）
	化学机械平坦化（3件）
	专用聚合物（1件）
	封盖层（6件）
	清洗液（4件）

根据上述数据绘制技术布局图如图4-4所示。

图4-4 安集微电子集成电路产业专利技术布局

3）技术发展路径：从解决成本问题到解决速率问题研究转变。

2014—2016年，安集微电子在技术的改进方面主要围绕稳定性提高、晶圆、成本等问题开展技术研究及专利布局。2017—2019年，解决速率、稳定性、良品率等问题成为安集微电子的研发重点。

4.2.4 专利合作分析

目前，安集微电子一共与两所高校进行了技术合作，分别是上海大学、华东理工大学。合作专利技术列表信息见表4-8。

表4-8 安集微电子集成电路产业技术合作专利

发明名称	氧化铈纳米介孔球的制备方法
申请号	CN201711382372.5
申请日	2018.7.6
申请人	上海大学；安集微电子科技（上海）股份有限公司
摘要	本发明涉及一种氧化铈纳米介孔球的制备方法。本发明方法是将铈盐溶于电导率为 $5\sim50\mu s/cm$ 的去离子水中，得到质量分数为 $1\%\sim10\%$ 的均匀的混合溶液，在高压反应釜中密封，在 $180\sim200℃$ 温度下反应 $24\sim72h$，自然冷却后，抽滤、洗涤至中性，干燥，得到氧化铈纳米介孔球粉体。本发明在低温条件下，无须引进有机溶剂、表面活性剂，通过控制氧化铈热力学及动力学条件，促进二氧化铈球形成核生长，制备的球形氧化铈颗粒尺寸在 $50\sim80nm$，可广泛应用于紫外光屏蔽、化学机械抛光、催化剂。该制备工艺快速、简单、成本低，可批量生产
发明名称	一种电子级柠檬酸的制备方法及其装置
申请号	CN201711452572.3
申请日	2017.12.28
申请人	华东理工大学；安集微电子科技（上海）股份有限公司
摘要	本发明提供了一种电子级柠檬酸的制备方法及其装置。包括以下步骤，步骤一：筛选一阴离子交换膜；步骤二：利用超净电解法，利用步骤一中筛选得到的所述阴离子交换膜去除初始柠檬酸溶液中的部分金属离子，得到第一柠檬酸溶液；步骤三：利用超净电解法，进一步循环电解所述第一柠檬酸溶液，去除所述第一柠檬酸溶液中的第二部分金属离子，得到所述电子级柠檬酸。相比于传统工艺，操作简单、清洁无污染，适用于工业化大规模生产，制得的电子级柠檬酸中仅包含20ppb（十亿分之一，即 10^{-9}）以下的微量金属离子，所得电子级柠檬酸纯度更高
发明名称	一种电子级柠檬酸的制备方法及其装置
申请号	CN201711452747.0
申请日	2017.12.28
申请人	华东理工大学；安集微电子科技（上海）股份有限公司
摘要	本发明涉及一种电子级柠檬酸的制备方法及其装置。包括以下步骤，步骤一：筛选阴离子交换膜；步骤二：利用超净电解法，利用步骤一中筛选得到的阴离子交换膜去除柠檬酸溶液中的第一部分金属离子；步骤三：利用离子交换法，利用阳离子交换树脂，去除第二部分金属离子，制备得到电子级柠檬酸。本发明结合了超净电解法和离子交换法的优点，发挥了两种方法对于不同离子的优异去除作用，相比于以前的一些工艺，不仅操作简单、清洁无污染，适用于工业化大规模生产，更主要的是制得的柠檬酸中金属离子的含量更低、纯度更高

4.3 上海新阳半导体材料股份有限公司专利分析

上海新阳半导体材料股份有限公司（以下简称上海新阳）专注于半导体行业所需功能性化学材料产品及应用技术的研发创新、生产制造和销售服务。

上海新阳创立于 1999 年 7 月，2011 年 6 月在深圳证券交易所创业板上市。创立以来，上海新阳经过持续不断地研发创新，形成了拥有完整自主可控知识产权的电子电镀和电子清洗两大核心技术，已申请授权国家专利 210 项，其中国内发明专利 102 项，国际发明专利 8 项，用于晶圆电镀与晶圆清洗的第二代核心技术已达到世界水平。紧密围绕两大核心技术，开发研制出 140 多种电子电镀与电子清洗系列功能性化学材料，产品广泛应用于集成电路制造、3D-IC 先进封装、IC 传统封测等领域，满足芯片铜制程 90~28nm 工艺技术要求，相关产品已成为多家集成电路制造公司 28nm 技术节点的基准材料（Base Line），成为中国半导体功能性化学材料和应用技术与服务的知名品牌。公司已立项研发集成电路制造用高分辨率 193nm ArF 光刻胶及配套材料与应用技术，拥有完整自主可控知识产权的光刻胶产品与应用即将形成公司的第三大核心技术，公司在国内半导体功能性化学材料领域的地位将更加稳固。

上海新阳是国家高新技术企业、上海市企业技术中心、上海市专利工作示范企业和上海市重合同守信用 AAA 级企业。公司先后多次承担国家科技重大专项《极大规模集成电路制造装备及成套工艺》（02 专项）项目研发与产业化，并获得国家 02 专项体制创新奖。公司多项产品荣获中国半导体创新产品技术奖、中国国际工业博览会新材料一等奖、上海市高新技术成果转化项目奖和松江区科学技术进步一等奖。

上海新阳 2013 年收购江苏考普乐新材料有限公司，成功进军布局氟碳涂料工程防腐与装饰业务领域。2014 年与 2016 年分别投资参股主营半导体 12 英寸硅片产品的上海新昇半导体科技有限公司和主营半导体湿法工艺设备产品的上海新阳硅密半导体技术有限公司，公司半导体业务领域不断扩大。公司目前拥有控股和参股一级子公司 10 家，二级子公司 2 家，已逐步发展成为中国在半导体材料与氟碳涂料领域有广泛影响力的集团公司。

4.3.1 专利总体情况：高质量专利多，布局美韩

从 2004 年起截至检索日，上海新阳提交了中国专利申请 364 件。其中，发明专利申请 239 件，实用新型专利申请 125 件。

在法律状态方面，上海新阳的中国专利申请共有 98 件因驳回、撤回或终止等原因处于失效状态，共有 161 件专利申请处于有效状态，共有 93 件专利申请处于审查中状态。

在专利价值度方面,上海新阳 95% 以上的专利在 5 分及以上,其中 8 分及以上价值度的专利申请超过 57%,整体专利申请质量相对较高。

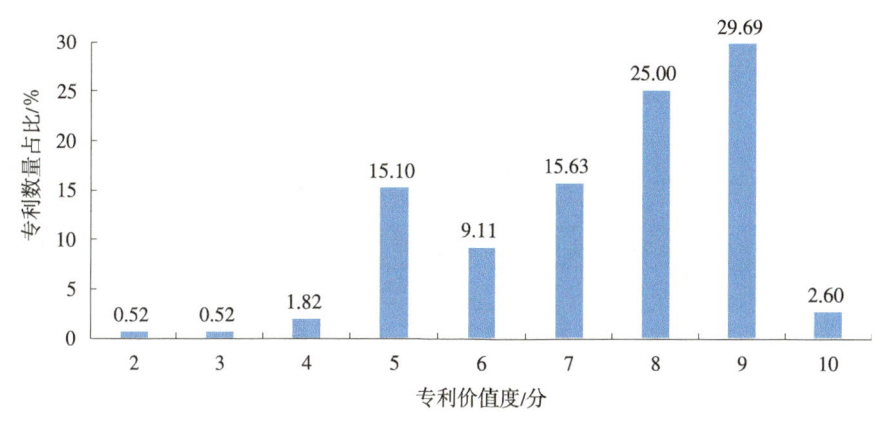

图 4-5 上海新阳半导体集成电路产业专利价值度分布

4.3.2 核心发明人分析:高管为主要发明人

上海新阳的核心发明人中,高管及核心技术人员占比相对较高。其中专利申请量居第 1 位的王溯(162 件)为总工程师,居第 2 位的王振荣(154 件)为首席设计师。

统计排名靠前的发明人专利数据,对各自专利申请技术内容进行分析,并归纳技术方向信息,得出核心发明人的技术方向见表 4-9。

表 4-9 核心发明人的技术方向

发明人	专利数量/件	个人情况	技术方向
王溯	162	现任上海新阳半导体材料股份有限公司常务副总经理、总工程师	胶树脂、电镀添加剂、等离子刻蚀
王振荣	154	1966 年 2 月出生,汉族,中国国籍,无境外永久居留权,本科学历,工程师,1987 年至 1995 年任天津机车车辆机械厂机械工程师;1996 年至 2000 年任新加坡 AEM 公司高级设计师;2001 年至 2009 年任上海新阳电子化学有限公司总设计师;2009 年至 2019 年 6 月任本公司首席设计师;2019 年 6 月起任公司董事	存储箱、清洗槽、输送装置、恒温加热槽
刘红兵	94	工程师	存储盒、生产线
黄利松	66	职工代表监事(监事会)	存储箱
蒋闯	51	技术中心项目经理	等离子刻蚀工艺
黄春杰	47	工程师	下料装置
陈概礼	44	设备工程部副部长	清洗槽

4.3.3 专利技术分析

1）技术领域分布：半导体器件是主要专利技术布局方向。

对上海新阳专利申请进行 IPC 统计，公司专利技术布局在 H01L（半导体器件）领域的专利最多，其次是 C25D（覆层的电解或电泳生产工艺方法）。具体专利 IPC 分布情况见表 4-10。

表 4-10　上海新阳半导体集成电路产业专利 IPC 分布

IPC	释义	专利数量/件
H01L	半导体器件	136
C25D	覆层的电解或电泳生产工艺方法	99
G03F	图纹面的照相制版工艺	65
C11D	洗涤剂组合物	34
C08F	仅用碳-碳不饱和键反应得到的高分子化合物	27
B08B	污垢的防除	17
B65G	运输或贮存装置	15
C09K	应用材料	14
C23G	化学法金属材料清洗及除油	13
C07C	无环或碳环化合物	7

2）技术聚类分析：电子元件为研究热点。

对上海新阳专利申请进行技术聚类分析，得到其技术主分类以及技术细分数据，其中以电子元件为最主要的专利布局技术方向。

具体技术分布情况见表 4-11。

表 4-11　上海新阳半导体集成电路产业专利技术分类

技术主分类	技术细分
电子元件（165 件）	晶圆（54 件）
	夹持送料（5 件）
	烘干（1 件）
	电子元件（84 件）
	抖动（21 件）
TSV（53 件）	高纯硫酸（8 件）
	TSV（17 件）
	蚀刻液（13 件）
	集成电路封装（2 件）
	氯化物气体（13 件）

续表

技术主分类	技术细分
屏蔽（43件）	热扩管（4件）
	电镀槽槽盖（2件）
	胶树脂（12件）
	屏蔽（18件）
	阳极（7件）
恒温加热槽（48件）	润湿系统（5件）
	恒温加热槽（15件）
	塑胶管（9件）
	选择性电镀（13件）
	高压喷淋（6件）
电镀添加剂（75件）	化学机械抛光（15件）
	酸性电镀铜（2件）
	电镀添加剂（28件）
	低碱度（6件）
	等离子刻蚀（24件）

根据上述数据绘制技术布局图如图4-6所示。

图4-6　上海新阳半导体集成电路产业专利技术布局

3）技术发展路径：从解决效率问题到解决均匀性问题转变。

2014—2017 年，上海新阳在技术的改进方面主要围绕解决效率问题、自动化、速度提高开展技术研究及专利布局。2018—2022 年，技术研发方向调整为解决均匀性与稳定性问题。

4.4 北方华创科技集团股份有限公司专利分析

北方华创科技集团股份有限公司（以下简称北方华创）是由北京七星华创电子股份有限公司（以下简称七星电子）和北京北方微电子基地设备工艺研究中心有限责任公司（以下简称北方微电子）战略重组而成，是目前国内集成电路高端工艺装备的先进企业。

北方华创主营半导体装备、真空装备、新能源锂电装备及精密元器件业务，为半导体、新能源、新材料等领域提供解决方案。公司现有 4 大产业制造基地，营销服务体系覆盖欧洲、美洲、亚洲等全球主要国家和地区。

4.4.1 专利总体情况：申请量大，专利全球布局多

从 2003 年起截至检索日，北方华创提交了 4827 件专利申请。包括中国大陆地区申请 4158 件、中国台湾地区申请 244 件、PCT 国际申请 211 件。此外，还有美国专利申请 70 件、韩国专利申请 67 件、新加坡专利申请 47 件、日本专利申请 25 件、欧洲专利局专利申请 4 件、澳大利亚专利申请 1 件。

在专利价值度方面，北方华创 95% 以上的专利在 5 分及以上，其中 9 分及以上价值度的专利接近 50%（图 4-7），北方华创整体专利质量处于行业领先水平。

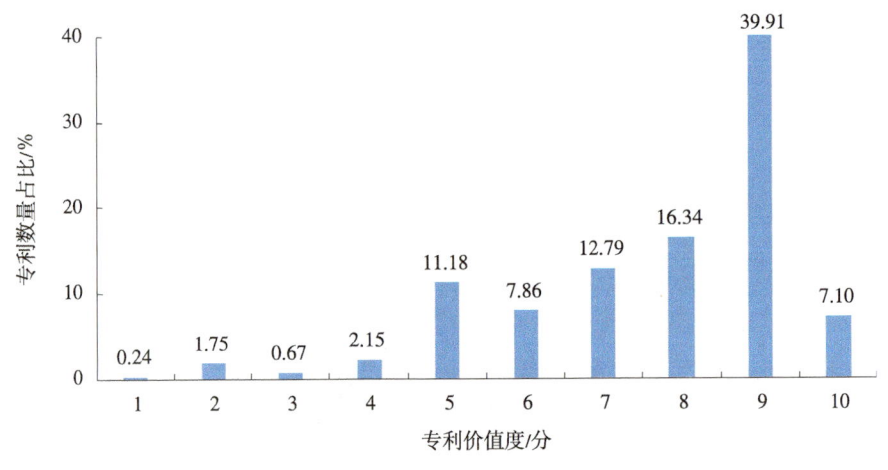

图 4-7 北方华创集成电路产业专利价值度分布

在专利运营方面，目前北方华创从北京北广科技股份有限公司受让获得 37 件专利，从中国科学院微电子研究所受让获得 31 件专利，从北京圆合电子技术有限责任公司受让获得 13 件专利，从北京飞行博达电子有限公司受让获得 8 件专利，从艾奎昂系统有限责任公司受让获得 5 件专利。

4.4.2 核心发明人分析：一线技术负责人为核心发明人

北方华创的核心发明人中，一线技术负责人的占比相对较高。其中，专利申请量居第 1 位的韦刚（180 件）为北方华创的高级工程师；居第 2 位的赵梦欣（160 件）为北方华创监事；居第 3 位的陈鹏（151 件）为北方华创射频工程中心总经理。

统计排名前 10 位的发明人专利数据，对各自专利申请技术内容进行分析，并归纳技术方向信息，得出核心发明人的技术方向见表 4-12。

表 4-12 北方华创集成电路产业核心发明人

发明人	专利数量/件	个人情况	技术方向
韦刚	180	高级工程师	清洗腔室、阻抗匹配方法
赵梦欣	160	监事	工艺腔室、物理气相沉积腔室
陈鹏	151	杰出青年中关村奖获得者，射频工程中心总经理	反应腔室、电容耦合等离子体
丁培军	131	总裁	退火工艺、磁控溅射
兰云峰	110	工程师	气体分配器、沉积系统
武学伟	107	工程师	反应腔室、薄膜沉积
王厚工	96	北京北方微电子基地设备工艺研究中心有限责任公司物理气相沉积（PVD）设备事业部技术总监	溅射工艺
徐冬	94	工程师	光电检测方法、立式炉
董金卫	88	立式炉事业部副总经理	炉丝引线
杨玉杰	87	工程师	反应腔室

4.4.3 专利技术分析：多领域布局

1）技术领域分布：半导体器件是主要专利技术布局方向。

对北方华创的专利申请进行 IPC 统计，以明确北方华创的专利布局方向。根据统计数据，北方华创在 H01L（半导体器件）领域布局专利最多，其次是 C23C（对金属材料的镀覆）。具体 IPC 分布情况见表 4-13。

表 4-13 北方华创集成电路产业专利 IPC 分布

IPC	释义	专利数量/件
H01L	半导体器件	2997
C23C	对金属材料的镀覆	1221
H01J	放电管或放电灯	1005
H05H	等离子体技术	283
G05B	控制或调节系统	246
C23F	去除表面金属材料	216
C30B	单晶生长	189
B08B	污垢的防除	172
G06F	电数字数据处理	112
G05D	非电变量的控制或调节系统	110

2）技术聚类分析：物理气相沉积为研究热点。

对北方华创的专利进行技术聚类分析，得到其技术主分类以及技术细分数据，其中以物理气相沉积为北方华创最主要的研究热点方向。具体技术分布情况见表 4-14。

表 4-14 北方华创集成电路产业专利技术分类

技术主分类	技术细分
物理气相沉积（1338 件）	物理气相沉积（416 件）
	表面波等离子体（251 件）
	电感耦合等离子体（188 件）
	静电卡盘（290 件）
	加热腔室（193 件）
阻抗匹配方法（1099 件）	阻抗匹配方法（291 件）
	工艺数据（273 件）
	分布状态（128 件）
	温度控制方法（255 件）
	优化调度（152 件）
气体注射（1044 件）	冷却腔室（179 件）
	压力控制方法（154 件）
	气体注射（416 件）
	传输腔室（160 件）
	进气系统（135 件）

续表

技术主分类	技术细分
气相沉积（1206件）	气相沉积（346件）
	硅片承载（148件）
	传输腔室（203件）
	晶硅太阳能电池片（187件）
	半导体扩散（322件）
深硅刻蚀（754件）	半导体器件（147件）
	深硅刻蚀（313件）
	聚合物薄膜（56件）
	粉末粘结剂（14件）
	等离子体刻蚀（224件）

根据上述数据绘制技术布局图如图4-8所示。

图4-8 北方华创集成电路产业专利技术布局

3）技术发展路径：一直聚焦效率和成本问题。

2014—2022 年，北方华创一直聚焦在解决效率和成本的问题，最近还关注安全的问题。

4.4.4 专利合作分析：与国内顶尖科研机构合作

目前，北方华创与中国科学院微电子研究所（26 件）、清华大学（4 件）、北京大学（2 件）有专利合作申请，开展了专利技术合作。专利合作申请信息见表 4-15。

表 4-15 北方华创集成电路产业技术合作专利

序号	标题	申请日	申请人
1	半导体器件及其形成方法	2011/3/31	中国科学院微电子研究所；北京北方微电子基地设备工艺研究中心有限责任公司
2	一种半导体结构及其制造方法	2011/12/9	中国科学院微电子研究所；北京北方微电子基地设备工艺研究中心有限责任公司
3	晶体管及晶体管的形成方法	2011/7/4	中国科学院微电子研究所；北京北方微电子基地设备工艺研究中心有限责任公司
4	一种半导体结构及其制造方法	2011/6/30	中国科学院微电子研究所；北京北方微电子基地设备工艺研究中心有限责任公司
5	一种半导体结构及其制造方法	2011/9/30	中国科学院微电子研究所；北京北方微电子基地设备工艺研究中心有限责任公司
6	一种半导体结构及其制造方法	2011/6/20	中国科学院微电子研究所；北京北方微电子基地设备工艺研究中心有限责任公司
7	一种化学机械平坦化的方法	2010/11/29	中国科学院微电子研究所；北京北方微电子基地设备工艺研究中心有限责任公司
8	一种双鳍型半导体结构及其制造方法	2011/10/11	中国科学院微电子研究所；北京北方微电子基地设备工艺研究中心有限责任公司
9	一种改善硅衬底的方法	2010/9/30	中国科学院微电子研究所；北京北方微电子基地设备工艺研究中心有限责任公司
10	一种半导体结构及其制造方法	2011/6/27	中国科学院微电子研究所；北京北方微电子基地设备工艺研究中心有限责任公司
11	一种半导体结构及其制造方法	2011/6/20	中国科学院微电子研究所；北京北方微电子基地设备工艺研究中心有限责任公司
12	减小半导体器件中 LER 的方法及半导体器件	2009/12/30	中国科学院微电子研究所；北京北方微电子基地设备工艺研究中心有限责任公司
13	半导体结构及其制造方法	2011/3/22	中国科学院微电子研究所；北京北方微电子基地设备工艺研究中心有限责任公司
14	一种半导体结构	2011/8/24	中国科学院微电子研究所；北京北方微电子基地设备工艺研究中心有限责任公司

续表

序号	标题	申请日	申请人
15	非对称半导体的结构及其形成方法	2010/2/11	中国科学院微电子研究所；北京北方微电子基地设备工艺研究中心有限责任公司
16	一种半导体结构	2011/8/25	中国科学院微电子研究所；北京北方微电子基地设备工艺研究中心有限责任公司
17	减小LER的方法及实施该方法的装置	2010/5/19	中国科学院微电子研究所；北京北方微电子基地设备工艺研究中心有限责任公司
18	半导体器件及其制造方法	2009/12/29	中国科学院微电子研究所；北京北方微电子基地设备工艺研究中心有限责任公司
19	半导体器件及其制作方法	2010/7/7	中国科学院微电子研究所；北京北方微电子基地设备工艺研究中心有限责任公司
20	一种半导体结构及其制造方法	2011/10/11	中国科学院微电子研究所；北京北方微电子基地设备工艺研究中心有限责任公司
21	MOS晶体管及其形成方法	2010/7/16	中国科学院微电子研究所；北京北方微电子基地设备工艺研究中心有限责任公司
22	晶体管及晶体管的形成方法	2011/7/4	中国科学院微电子研究所；北京北方微电子基地设备工艺研究中心有限责任公司
23	半导体器件及其形成方法	2011/3/31	中国科学院微电子研究所；北京北方微电子基地设备工艺研究中心有限责任公司
24	一种改善硅衬底的方法及得到的硅衬底	2010/9/30	中国科学院微电子研究所；北京北方微电子基地设备工艺研究中心有限责任公司
25	一种半导体器件及其形成方法	2009/12/28	中国科学院微电子研究所；北京北方微电子基地设备工艺研究中心有限责任公司
26	非对称半导体的结构及其形成方法	2010/2/11	中国科学院微电子研究所；北京北方微电子基地设备工艺研究中心有限责任公司
27	刻蚀机集群控制器	2006/5/17	北京北方微电子基地设备工艺研究中心有限责任公司；清华大学
28	刻蚀机集群控制器与工艺模块控制器通讯系统及方法	2006/2/9	北京北方微电子基地设备工艺研究中心有限责任公司；清华大学
29	刻蚀机集群控制器	2006/5/17	北京北方微电子基地设备工艺研究中心有限责任公司；清华大学
30	刻蚀机集群控制器与工艺模块控制器通讯系统及方法	2006/2/9	北京北方微电子基地设备工艺研究中心有限责任公司；清华大学
31	一种下电极装置、半导体加工设备及残余电荷释放方法	2016/5/16	北京北方华创微电子装备有限公司；北京大学
32	一种反应腔室的清洗方法	2016/3/14	北京北方微电子基地设备工艺研究中心有限责任公司；北京大学

4.5 沈阳芯源微电子设备股份有限公司专利分析

沈阳芯源微电子设备股份有限公司（以下简称芯源微电子）成立于2002年，是由中国科学院沈阳自动化研究所发起创建的国家高新技术企业，专业从事半导体生产设备的研发、生产、销售与服务，致力于为客户提供半导体装备与工艺整体解决方案。

芯源微电子坐落在沈阳市浑南区，公司占地2万平方米，设置了专业的集成电路工艺开发和检测实验室以及半导体设备生产组装车间。芯源微电子通过多年技术积累、技术创新，形成自主知识产权体系，已拥有授权专利195项，其中发明专利151项。芯源微电子作为国内领先的高端半导体装备制造企业，所开发的涂胶机、显影机、喷胶机、去胶机、湿法刻蚀机、单片清洗机等产品，已形成完整的技术体系和丰富的产品系列，可根据用户的工艺要求量身定制。产品适应不同工艺等级的客户要求，广泛应用于半导体生产、高端封装、MEMS、LED、OLED、3D-IC TSV、PV等领域。可满足300mm前道制程及300mm先进封装厚胶工艺制程。芯源微电子连续承担国家科技重大专项《极大规模集成电路制造装备及成套工艺》项目（简称02专项），连续两年被评为中国半导体行业十强企业。

4.5.1 专利总体情况：专利质量一般，海外布局较少

截至检索日，芯源微电子提交了中国大陆地区发明申请293件、实用新型授权66件、外观设计授权21件，中国台湾地区专利申请18件，PCT申请6件，美国专利申请2件。

在法律状态方面，中国大陆地区的专利申请有133件因驳回、撤回或终止等原因处于失效状态，有191件处于有效状态，有56件处于审查中状态。

在专利价值度方面，芯源微电子70%以上的专利在5分以上，其中8分及以上价值度的专利占比为40.81%，整体专利质量一般。

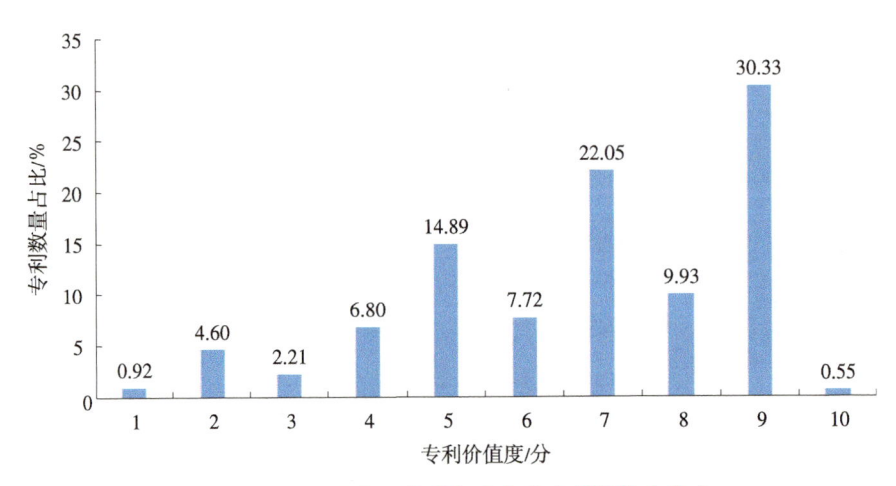

图4-9 芯源微电子集成电路产业专利价值度分布

4.5.2 核心发明人分析：一线工程师居多

芯源微电子的核心发明人中，一线工程师居多。其中，专利申请量居第 1 位的谷德君（57 件）为前道事业部单元科科长；居第 2 位的胡延兵（50 件）为工程师；居第 3 位的张怀东（28 件）为产品设计部总监。

统计排名前 10 位的发明人专利数据，对各自专利申请技术内容进行分析，并归纳技术方向信息，得出核心发明人的技术方向见表 4-16。

表 4-16　芯源微电子集成电路产业专利核心发明人

发明人	专利数量/件	个人情况	技术方向
谷德君	57	公司机械工程师、中级机械工程师、高级机械工程师；2020 年 11 月至 2021 年 5 月，任公司前道事业部单元科科长；2021 年 6 月离职	分类回收
胡延兵	50	工程师	半导体晶片
张怀东	28	产品设计部总监	显影工艺
卢继奎	27	工程师	化学液
王阳	27	工程师	收集杯
王绍勇	26	核心技术人员	胶膜工艺
王冲	24	工程师	供胶泵
程虎	23	产品设计部副部长	脱泡技术
彭博	22	工程师	喷嘴部件
魏猛	22	工程师	热板设备

4.5.3 专利技术分析：重点方向明确

1）技术领域分布：半导体器件是主要专利技术布局方向。

对芯源微电子专利进行 IPC 统计，以明确其专利布局方向。根据统计数据，芯源微电子在 H01L（半导体器件）领域布局专利最多，其次是 G03F（图纹面的照相制版工艺）。具体 IPC 分布情况见表 4-17。

表 4-17　芯源微电子集成电路产业专利 IPC 分布

IPC	释义	专利数量/件
H01L	半导体器件	306
G03F	图纹面的照相制版工艺	128
B05B	喷射装置	41
B05C	表面流体涂布装置	39

续表

IPC	释义	专利数量/件
B08B	污垢防除	38
G05B	控制或调节系统	12
B01D	分离装置	10
B25J	机械手	10
B05D	表面流体涂布工艺	7
G05D	非电变量的控制或调节系统	7

2）技术聚类分析：交叉作业为研究热点方向。

对芯源微电子专利进行技术聚类分析，得到其技术主分类以及技术细分数据，其中以交叉作业为最主要的研究热点方向。

具体技术分布情况见表4-18。

表4-18 芯源微电子集成电路产业专利技术分类

技术主分类	技术细分
接口密封（108件）	光刻胶（4件）
	接口密封（40件）
	HMDS（18件）
	旋转系统（20件）
	复合盘（26件）
交叉作业（134件）	自动定位（16件）
	示教系统（11件）
	自动扣（31件）
	半导体晶片（34件）
	交叉作业（42件）
晶圆（110件）	半导体晶片（27件）
	全自动（13件）
	显影系统（20件）
	旋转涂胶机（16件）
	晶圆（34件）

续表

技术主分类	技术细分
回收系统（84件）	化学液（18件）
	分配泵（12件）
	回收系统（26件）
	清洗系统（14件）
	热风加热（14件）
光刻胶喷嘴（107件）	剥离工艺（7件）
	数字通信（5件）
	晶圆背面（35件）
	光刻胶喷嘴（49件）
	图形用户界面（11件）

根据上述数据绘制技术布局图如图4-10所示。

图4-10 芯源微电子集成电路产业专利技术布局

3）技术发展路径：聚焦在解决复杂性及便利性问题。

2014—2022 年，芯源微电子在专利技术布局方面，一直以解决技术复杂性及便利性为主要技术改进方向。

4.6 华进半导体封装先导技术研发中心有限公司专利分析

华进半导体封装先导技术研发中心有限公司（以下简称华进半导体）作为江苏省无锡市落实中央打造以企业为创新主体的创新体系典型，在江苏省政府、无锡市政府、国家 02 专项和国家封测产业链技术创新战略联盟的共同支持下于 2012 年 9 月在无锡新区正式注册成立。公司英文全称为"National Center for Advanced Packaging Co., Ltd."（NCAP China）。公司是由中国科学院微电子所和长电科技、通富微电、华天科技、深南电路、苏州晶方、安捷利（苏州）、中科物联、兴森快捷、国开基金等 19 家单位共同投资而建立的。2020 年 4 月获批准建设国家集成电路特色工艺及封装测试创新中心，12 月获准设立国家级博士后科研工作站。

公司作为国家级封测/系统集成先导技术研发中心，通过以企业为创新主体的产学研用结合新模式，开展系统级封装/集成先导技术研究，研发 2.5D/3D TSV 互连及集成关键技术（包括 TSV 制造、凸点制造、TSV 背露、芯片堆叠等），为产业界提供系统解决方案。同时开展多种晶圆级高密度封装工艺与 SiP 产品应用的研发，以及与封装技术相关的材料和设备的验证与研发。

公司拥有 3200m² 的净化间和 300mm 晶圆整套先进封装研发平台（包括 2.5D/3D IC 后端制程和微组装，测试分析与可靠性）及先进封装设计仿真平台。

4.6.1 专利总体情况：专利主要国内布局

截至检索日，华进半导体提交了中国发明申请 955 件、实用新型 124 件，PCT 专利申请 31 件，美国专利申请 14 件。

在专利价值度方面，华进半导体 80% 以上的专利在 5 分以上，其中 9 分及以上价值度的专利接近 50%，整体专利质量相对较高，如图 4-11 所示。

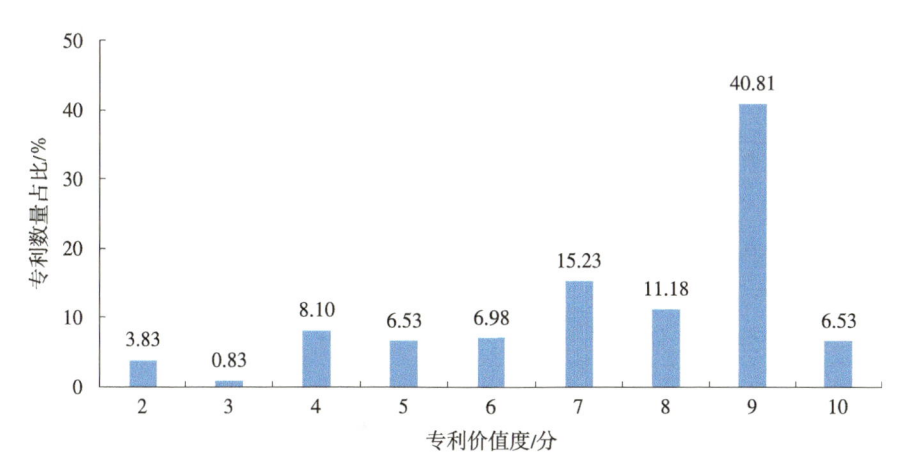

图 4-11　华进半导体集成电路产业专利价值度分布

在专利运营方面，华进半导体转让及受让量较大（表 4-19），涉及的主体相对也较多，值得关注。

表 4-19　华进半导体集成电路产业专利转让、受让列表

华进半导体转让专利	
受让人	数量/件
上海国增知识产权服务有限公司	111
江苏中科物联网科技创业投资有限公司	34
成都锐华光电技术有限责任公司	24
江苏中科智芯集成科技有限公司	24
北京中科微知识产权服务有限公司	22
广东佛智芯微电子技术研究有限公司	20
深圳中科四合科技有限公司	6
苏州海卡缔听力技术有限公司	6
中国科学院微电子研究所	5
北京中科微投资管理有限责任公司	4
华芯检测（无锡）有限公司	3
中南大学	2
华进半导体受让专利	
转让人	数量/件
中国科学院微电子研究所	173
上海国增知识产权服务有限公司	107
江苏中科物联网科技创业投资有限公司	35

续表

成都锐华光电技术有限责任公司	34
江苏物联网研究发展中心	34
北京中科微知识产权服务有限公司	6
北京中科微投资管理有限责任公司	4
江苏中科智芯集成科技有限公司	4
中南大学	2
深圳铨力半导体有限公司	2

4.6.2 核心发明人分析：和中国科学院微电子所关系紧密

华进半导体的核心发明人中，高管及核心技术人员占比相对较高。其中，专利申请量居第1位的曹立强（250件）为总经理；居第2位的孙鹏（163件）为技术总监；居第3位的张文奇（132件）为项目经理。值得关注的是，华进半导体排名前10位的发明人中，有不少来自中国科学院微电子所的研究人员，这与公司性质和技术合作密切相关。

统计排名前10位的发明人专利数据，并对各自专利申请技术内容进行分析，并归纳技术方向信息，得出核心发明人的技术方向见表4-20。

表4-20 华进半导体集成电路产业专利核心发明人

发明人	专利数量/件	个人情况	技术方向
曹立强	250	总经理	TSV、应力传感器
孙鹏	163	技术总监	封装工艺、电磁屏蔽
张文奇	132	项目经理	散热芯片
于大全	125	董事	转接板
于中尧	111	工程师	高散热工艺
陈峰	90	工程师	系统级封装
郭学平	89	工程师	高功率器件
戴风伟	77	研发部副部长	TSV
刘丰满	76	资深主任工程师	POP
陆原	67	技术总监	电磁屏蔽

4.6.3 专利技术分析

1）技术领域分布：基本集中在半导体器件领域。

对华进半导体专利进行IPC统计，以确定华进半导体的专利布局方向。根据统计数据，华进半导体在H01L（半导体器件）领域布局专利最多。具体IPC分布情况见表4-21。

表 4-21　华进半导体集成电路产业专利 IPC 分布

IPC	释义	专利数量/件
H01L	半导体器件	1067
G02B	光学元件、系统或仪器	84
H05K	印刷电路	83
H01Q	天线	27
B81B	微观结构技术	24
B81C	制造或处理微观结构的装置或系统	21
G01R	测量电变量	18
G01N	测试或分析材料	12
H04B	传输装置	12
C25D	覆层的电解或电泳生产工艺方法	11

2）技术聚类分析：指纹识别模组为研究热点。

对华进半导体专利进行技术聚类分析，得到其技术主分类以及技术细分数据，其中以指纹识别模组为最主要的专利技术研究热点方向。具体技术分布情况见表 4-22。

表 4-22　华进半导体集成电路产业专利技术分类

技术主分类	技术细分
指纹识别模组（529 件）	集成天线（84 件）
	堆叠封装（137 件）
	指纹识别模组（149 件）
	封装器件（116 件）
	大功率芯片（43 件）
应力传感器（86 件）	CMP（29 件）
	碳纳米片（8 件）
	应力传感器（35 件）
	化学腐蚀（9 件）
	散热芯片（5 件）
光电器件（196 件）	晶圆测试（66 件）
	光电器件（76 件）
	高频滤波器（9 件）
	半导体（28 件）
	毫米波波导（17 件）

续表

技术主分类	技术细分
微凸点（251件）	键合（2件）
	MEMS（63件）
	微凸点（115件）
	高深宽比（56件）
	键合工艺（15件）
半导体封装基板（266件）	半导体封装基板（68件）
	半导体芯片（51件）
	晶圆级封装（46件）
	柔性基板（63件）
	埋置有源元件（38件）

根据上述数据绘制技术布局图如图4-12所示。

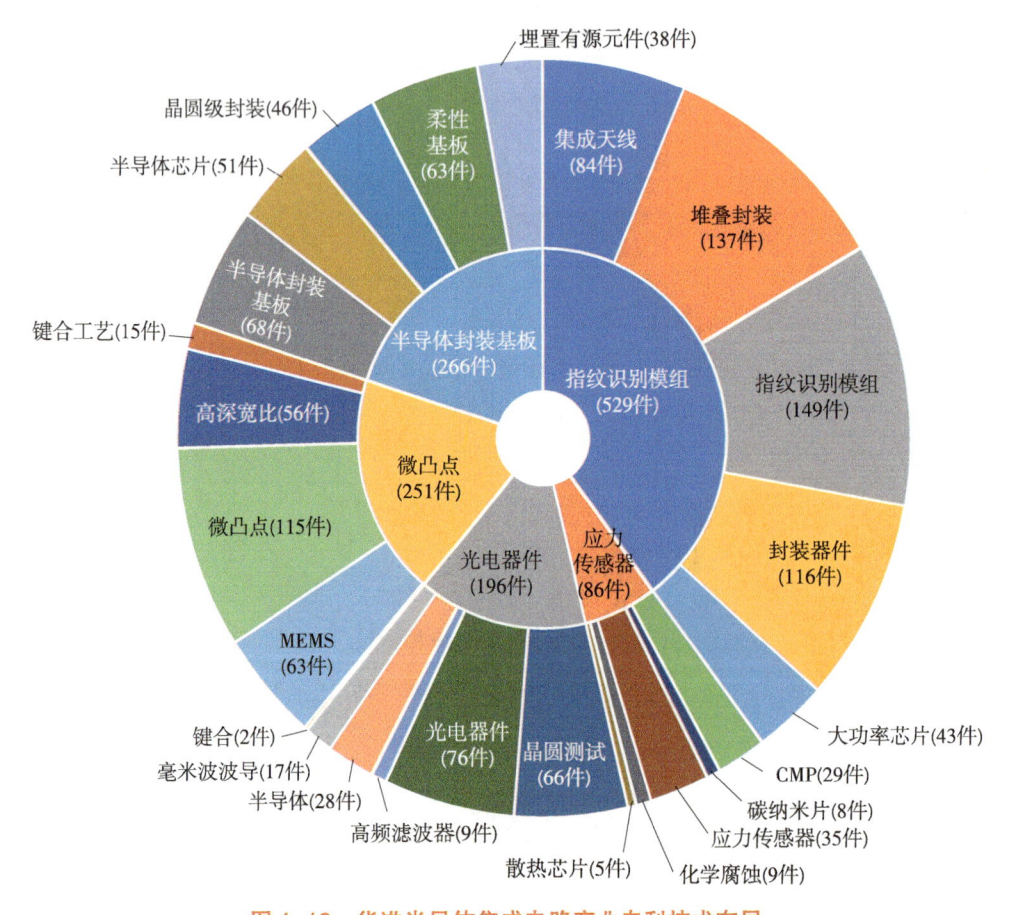

图4-12 **华进半导体集成电路产业专利技术布局**

3）技术发展路径：以降低成本为主线。

2014—2022 年，华进半导体以解决成本问题为最核心的技术研发方向，但是专利布局量已经开始出现下滑调整趋势。

4）专利合作分析。

目前，华进半导体一共与两所高校进行了专利合作申请，分别是上海大学、复旦大学。专利合作申请列表信息见表 4-23。

表 4-23　华进半导体集成电路产业技术合作专利列表

序号	标题	申请人	申请日
1	薄膜材料的测试系统及测试方法	华进半导体封装先导技术研发中心有限公司；复旦大学	2017/3/31
2	BN/Ag 二维层状复合材料的导热胶的制备方法	华进半导体封装先导技术研发中心有限公司；上海大学	2016/9/8
3	多官能团低介电环氧树脂单体及其合成方法与应用	华进半导体封装先导技术研发中心有限公司；复旦大学	2015/11/18
4	薄膜材料的测试系统、测试方法、测试结构及其制作方法	华进半导体封装先导技术研发中心有限公司；复旦大学	2017/3/31
5	利用氮化硼制备散热芯片的方法	华进半导体封装先导技术研发中心有限公司；上海大学	2014/12/17

4.7　江苏长电科技股份有限公司专利分析

江苏长电科技股份有限公司（以下简称长电科技）是全球领先的集成电路制造和技术服务提供商，提供全方位的芯片成品制造一站式服务，包括集成电路的系统集成、设计仿真、技术开发、产品认证、晶圆中测、晶圆级中道封装测试、系统级封装测试、芯片成品测试，并可向世界各地的半导体客户提供直运服务。

通过高集成度的晶圆级（WLP）、2.5D/3D、系统级（SiP）封装技术及高性能的倒装芯片和引线互联封装技术，长电科技的产品、服务和技术涵盖了主流集成电路系统应用，包括网络通信、移动终端、高性能计算、车载电子、大数据存储、人工智能与物联网、工业智造等领域。长电科技在全球拥有 23000 多名员工，在中国、韩国和新加坡设有六大生产基地和两大研发中心，在逾 22 个国家和地区设有业务机构，可与全球客户进行紧密的技术合作并提供高效的产业链支持。

4.7.1　专利总体情况：专利全球布局，质量有待提升

截至检索日，长电科技共提交了中国大陆地区发明申请 548 件、获得发明授权 225 件、实用新型 1063 件、外观设计 27 件，世界知识产权组织专利申请 36 件，美国专利

申请15件，德国专利申请6件，日本专利申请5件，中国台湾地区专利申请2件，新加坡专利申请1件。

在法律状态方面，目前海外专利申请多数处于有效状态。中国大陆地区专利申请有634件因驳回、撤回或终止等原因处于失效状态，有904件处于有效状态，有101件处于审查中状态。

在专利价值度方面，长电科技60%以上的专利在5分以上，其中8分及以上价值度的专利接近30%，而专利价值度为7分的专利占比高达30.47%，如图4-13所示，可见专利质量仍有一定的提升空间。

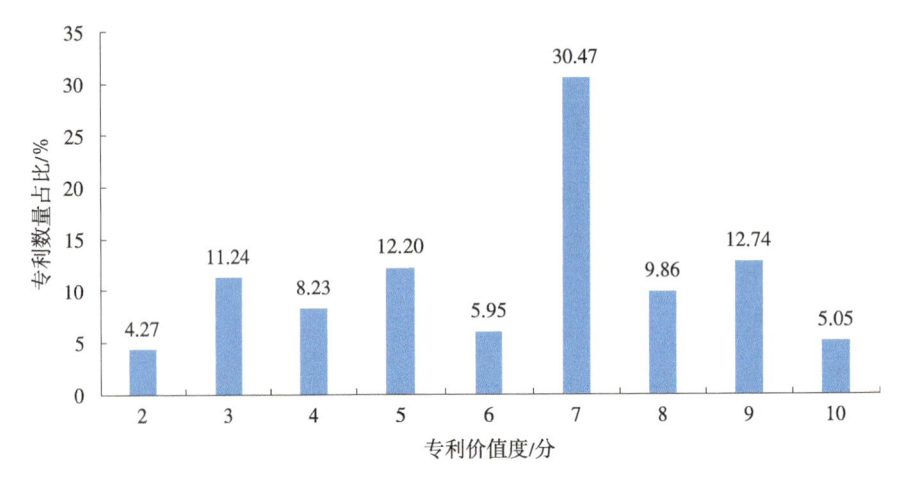

图4-13 长电科技集成电路产业专利价值度分布

在专利运营方面，目前长电科技与芯鑫融资租赁（天津）有限责任公司发生过多件专利的转让与受让，数量多达75件，这方面值得进一步关注。

4.7.2 核心发明人分析：高管掌握核心专利技术

长电科技的核心发明人中，高管及核心技术人员基本掌握了多数核心专利，成为最关键的专利发明人。其中，专利申请量居第1位的梁志忠（954件）为技术总监；居第2位的王新潮（840件）为董事长；居第3位的李维平（216件）为副总经理。

统计排名前10位的发明人专利数据，对各自专利申请技术内容进行分析，并归纳技术方向信息，得出核心发明人的技术方向见表4-24。

表4-24 长电科技集成电路产业专利核心发明人

发明人	专利数量/件	个人情况	技术方向
梁志忠	954	技术总监	单芯片、无引脚封装
王新潮	840	董事长	分立元件、线路板芯片

续表

发明人	专利数量/件	个人情况	技术方向
李维平	216	副总经理	静电释放圈
谢洁人	126	副总裁	引脚封装
王亚琴	123	知识产权部经理	芯片倒装
吴昊	96	工程师	静电释放圈
梁新夫	93	副总裁	系统级芯片
刘恺	82	工程师	半导体封装
林煜斌	69	MIS 资深技术总监	芯片倒装
王孙艳	54	工程师	半导体封装

4.7.3 专利技术分析：技术聚焦，方向明确

1）技术领域分布：基本布局在半导体器件领域。

对长电科技专利进行 IPC 统计，以明确长电科技的专利布局方向，根据统计数据，其在 H01L（半导体器件）领域布局专利最多。具体 IPC 分布情况见表 4-25。

表 4-25　长电科技集成电路产业专利 IPC 分布

IPC 分类	类号（小类）	专利数量/件
H01L	半导体器件	1415
H02G	电缆或电线的安装	33
C25D	覆层电解或电泳生产工艺方法	20
H05K	印刷电路	20
H04N	图像通信	19
B65B	包装物件或物料机械	18
B29C	塑料成型连接	17
G01R	测量电变量	17
G06K	数据识别	15
H03H	阻抗网络	13

2）技术聚类分析：静电释放圈相关技术为研究热点方向。

对长电科技专利申请进行技术聚类分析，得到其技术主分类以及技术细分数据，其中以静电释放圈相关技术为最主要的专利布局热点方向。具体技术分布情况见表 4-26。

表 4-26 长电科技集成电路产业专利技术分类列表

技术主分类	技术细分
线路板芯片（490 件）	微热管（3 件）
	双金属板（92 件）
	倒装芯片（110 件）
	线路板芯片（180 件）
	芯片倒装（105 件）
静电释放圈（1025 件）	芯片多（49 件）
	半导体塑料（331 件）
	静电释放圈（417 件）
	芯片倒装（178 件）
	表面声（50 件）
测试夹（138 件）	叠加式（13 件）
	测试夹（54 件）
	米字形（1 件）
	芯片封装测试（40 件）
	照明供电（30 件）
虹膜识别（78 件）	测量仪表（17 件）
	模块自动化（18 件）
	灯按钮（7 件）
	虹膜识别（20 件）
	半导体指示灯（16 件）
夹具套件（155 件）	夹具套件（70 件）
	散热薄膜（20 件）
	集成电路封装（16 件）
	测试分选（19 件）
	点胶头（30 件）

根据上述数据绘制技术布局图如图 4-14 所示。

3) 技术发展路径：主要研究复杂性和可靠性问题。

2014—2022 年，长电科技一直聚焦解决技术复杂性、可靠性、成本降低及确定性提高等问题。

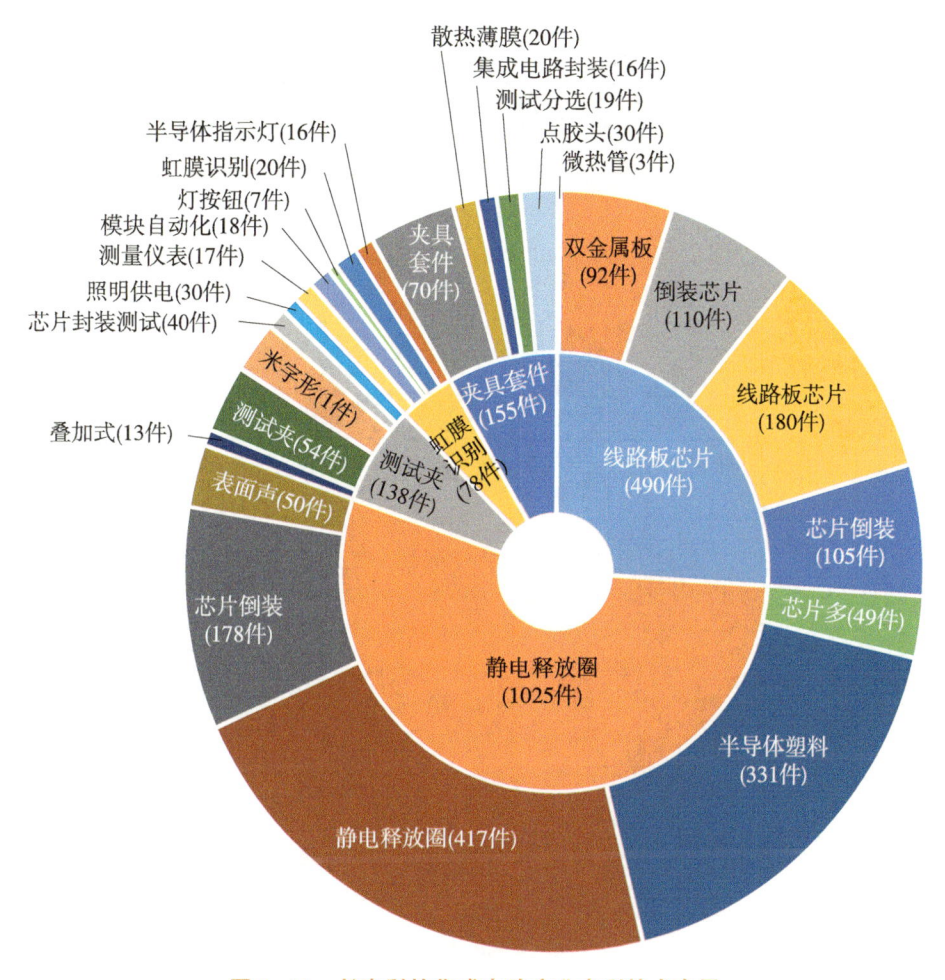

图4-14 长电科技集成电路产业专利技术布局

4.8 小 结

本章节围绕坪山区重点产业节点位置、重点企业的招商目标（斯达半导体、安集微电子、上海新阳、北方华创、芯源微电子、华进半导体、长电科技），从专利规模、专利质量、全球布局情况、核心发明人情况、技术合作以及专利运营、核心技术方向等角度展开了全面的数据统计与分析。

基于本章节的分析内容和分析结论，形成了重点产业和重点招商企业知识产权评价，为坪山区下一步在招商引资过程中针对上述企业的知识产权进行分析评议提供初步的信息支撑。具体分析见表4-27。

表 4-27 坪山区重点产业、重点招商企业分析汇总

企业名称	所属领域	专利规模	专利质量	全球布局	核心团队	技术合作	专利运营	技术方向
斯达半导体	IGBT	小	良	弱	均匀	无	少	聚焦
安集微电子	材料	大	良	强	集中	少	无	多元
上海新阳	材料	中	优	中	集中	无	无	聚焦
北方华创	设备	大	优	强	均匀	多	无	聚焦
芯源微电子	设备	中	良	中	均匀	无	无	聚焦
华进半导体	封测	大	优	中	集中	多	多	聚焦
长电科技	封测	大	良	强	集中	无	无	聚焦

第 5 章 坪山区集成电路知识产权建设建议

5.1 集成电路产业招商目标企业整体技术先进、风险可控

通过对坪山区集成电路产业招商引资信息的梳理与初步筛选，并结合推荐的目标公司专利分析得出初步结论：招商目标企业整体技术较为先进，公司产品及自研技术相对成熟，企业技术合作来源较为明确，核心人员除个别离职等存在一定风险外，技术基本集中在高管团队，核心研发人员相对稳定，技术风险整体可控。

在下一步招商落地过程中，应对实际招商对象企业的详细技术细节及其国内外竞争对手展开更为详细及全面的知识产权分析，并结合企业产品进行技术侵权风险调研与分析，进而防控招商引资过程中知识产权风险导致的引进企业的生产经营风险。

5.2 下阶段重点强化区属企业以及引进企业的专利产出的属地化

随着我国知识产权制度的日益完善以及企业知识产权保护意识的逐步提升，专利数据已经成为衡量一个地区科技创新能力的重要指标。众所周知，企业在进行专利申请时会填写申请地址信息，因此在统计和分析区域专利指标时，会通过地址信息来界定区域专利申请量等数据。

然而，随着全国企业的快速发展与布局，不少企业通过在不同的地区布局不同的分/子公司以实现研发或生产基地的差异化，进而达到吸引人才、降低成本等目的。正因此，不少企业在被地方招商引资入驻后，会把专利申请放在其他地区，这样会导致本区域专利申请量的流失，从而导致统计区域创新指数的偏差。

因此，地方知识产权部门在服务企业科技创新的同时，应鼓励企业尽量将专利申请属地化，实现知识产权的集聚效应，进而实现科技成果保护高地。在形成产业科技创新集群的同时，在行业协会或技术联盟的基础上进一步完善专利保护联盟，为区域企业协同创新保护、海外综合维权等业务展开打下基础，进一步优化区域科技创新的营商环境。

检索坪山区前 100 家（经过校验，实际企业数量为 98 家）专利申请人的总申请

量，并对申请人反查其专利申请总量，确定这些企业在坪山的专利申请量和在其他地方的专利申请量之间的差异，进而确定其在坪山申请的专利属地化率数据。

根据数据统计，目前坪山区专利申请的核心企业其申请地址在坪山区的专利数量为 47759 件，而其总的专利申请量为 64814 件，因此计算得到坪山区企业的专利申请属地化率约为 73.69%。

其中，在统计样例中的 98 家企业中，完全将专利申请地址落在坪山区的企业为 23 家，占比不到 23.5%。

具体企业专利申请的属地化率数据情况见表 5-1。

表 5-1 坪山区企业专利申请属地化率

申请人	总申请量/件	申请地址为坪山区的申请量/件	属地化率/%
比亚迪股份有限公司	26963	23089	85.63
深圳市沃特玛电池有限公司	2057	2043	99.32
BYD Company Limited	5112	1360	26.60
深圳市沃尔核材股份有限公司	1741	1359	78.06
深圳技术大学	1328	1303	98.12
恒大新能源技术（深圳）有限公司	1051	1051	100.00
深圳市理邦精密仪器股份有限公司	1358	743	54.71
深圳市鸿合创新信息技术有限责任公司	782	741	94.76
深圳市沃尔特种线缆有限公司	922	679	73.64
乐庭电线工业（惠州）有限公司	1033	631	61.08
惠州乐庭电子线缆有限公司	1017	630	61.95
深圳市杉川机器人有限公司	833	579	69.51
昂纳信息技术（深圳）有限公司	674	545	80.86
深圳巴斯巴科技发展有限公司	568	491	86.44
深圳市豪恩声学股份有限公司	558	482	86.38
深圳远超智慧生活股份有限公司	478	478	100.00
深圳市大族激光科技股份有限公司	1187	427	35.97
深圳市沃尔新能源电气科技股份有限公司	504	404	80.16
深圳雷柏科技股份有限公司	464	389	83.84
深圳市佳士科技股份有限公司	374	341	91.18
连展科技（深圳）有限公司	818	340	41.56
深圳远超实业有限公司	545	331	60.73
深圳新宙邦科技股份有限公司	365	329	90.14

续表

申请人	总申请量/件	申请地址为坪山区的申请量/件	属地化率/%
深圳市拉普拉斯能源技术有限公司	288	281	97.57
深圳市新产业生物医学工程股份有限公司	315	279	88.57
深圳市共进电子股份有限公司	1092	274	25.09
深圳安特医疗股份有限公司	228	228	100.00
AAC Optics (Shenzhen) Co., Ltd.	197	197	100.00
深圳市无限动力发展有限公司	368	197	53.53
深圳罗马仕科技有限公司	325	187	57.54
深圳蓝普科技有限公司	218	177	81.19
深圳市曼恩斯特科技股份有限公司	174	174	100.00
远特信电子（深圳）有限公司	184	163	88.59
深圳市新嘉拓自动化技术有限公司	165	162	98.18
深圳市捷佳伟创新能源装备股份有限公司	302	159	52.65
深圳市超频三科技有限公司	158	157	99.37
深圳市凯迪仕智能科技有限公司	340	155	45.59
昂纳自动化技术（深圳）有限公司	154	151	98.05
比亚迪汽车工业有限公司	230	151	65.65
深圳市萨米医疗中心	154	149	96.75
松泽化妆品（深圳）有限公司	150	147	98.00
深圳市金威源科技股份有限公司	195	146	74.87
深圳杰微芯片科技有限公司	145	145	100.00
深圳市华美兴泰科技股份有限公司	141	141	100.00
深圳市鹏煜威科技有限公司	145	140	96.55
深圳市联奕实业有限公司	136	136	100.00
深圳市心流科技有限公司	191	132	69.11
深圳市鸿景源五金塑胶制品有限公司	136	127	93.38
现代精密塑胶模具（深圳）有限公司	126	126	100.00
深圳市爱康生物科技有限公司	128	125	97.66
深圳格兰达智能装备股份有限公司	131	125	95.42
Shenzhen Capchem Technology Co., Ltd.	587	120	20.44
深圳市奔达康电缆股份有限公司	131	114	87.02
深圳市华明军橡胶有限公司	113	113	100.00
深圳市威尔德医疗电子有限公司	115	113	98.26

续表

申请人	总申请量/件	申请地址为坪山区的申请量/件	属地化率/%
主力智业（深圳）电器实业有限公司	111	111	100.00
深圳市永诺摄影器材股份有限公司	183	111	60.66
Shenzhen Technology University	140	110	78.57
深圳市艾伦斯特家具有限公司	110	110	100.00
深圳市苇渡智能科技有限公司	163	110	67.48
深圳市美瑞美家家具有限公司	154	109	70.78
深圳基本半导体有限公司	137	108	78.83
深圳市中深爱的寝具科技有限公司	108	108	100.00
深圳市金泰克半导体有限公司	138	103	74.64
深圳平乐骨伤科医院（深圳市坪山区中医院）	105	103	98.10
深圳市柯尼斯智能科技有限公司	168	98	58.33
深圳国氢新能源科技有限公司	112	97	86.61
深圳瑞隆新能源科技有限公司	97	97	100.00
达科为（深圳）医疗设备有限公司	119	97	81.51
深圳市高昱电子科技有限公司	97	96	98.97
深圳市恒星建材有限公司	94	94	100.00
国民技术股份有限公司	1096	91	8.30
深圳讯丰通医疗股份有限公司	107	89	83.18
比亚迪精密制造有限公司	461	88	19.09
深圳技术大学（筹）	115	88	76.52
深圳麦普奇医疗科技有限公司	93	85	91.40
恩达电路（深圳）有限公司	86	82	95.35
深圳市亿道数码技术有限公司	228	82	35.96
深圳市鑫达辉软性电路科技有限公司	82	82	100.00
科立讯通信股份有限公司	98	82	83.67
深圳市盛波光电科技有限公司	126	81	64.29
深圳市龙岗大工业区混凝土有限公司	81	81	100.00
深圳东风汽车有限公司	133	80	60.15
深圳市宏钢机械设备有限公司	80	80	100.00
深圳市东大洋建材有限公司	79	79	100.00
深圳泰德半导体装备有限公司	110	77	70.00
岱川医疗（深圳）有限责任公司	101	76	75.25

续表

申请人	总申请量/件	申请地址为坪山区的申请量/件	属地化率/%
深圳市凯中精密技术股份有限公司	173	76	43.93
深圳市长方集团股份有限公司	105	76	72.38
深圳市华廷美居家具有限公司	75	75	100.00
深圳市大富豪实业发展有限公司	75	75	100.00
深圳市浩能科技有限公司	179	75	41.90
深圳市纳晶云科技有限公司	107	75	70.09
深圳市爱立康医疗股份有限公司	90	74	82.22
深圳市大族数控科技有限公司	450	73	16.22
深圳市天麟精密模具有限公司	73	73	100.00
深圳市小洲硅胶生活用品有限公司	73	73	100.00
深圳市瀚晟堂红木家具有限公司	108	73	67.59

注：企业信息未做标准化处理，数据会存在一定程度的误差。

5.3 依托省分析评议中心推动知识产权分析评议成果落地

招商引资仅仅是区域产业规划与发展的第一步，为了更好地服务区域企业的科学健康发展，需要政府相关部门实现招商、管理、服务的全流程跟踪与监控，而知识产权工作作为科技型企业在技术研发、生产经营中的一项重要工作，也将成为政府为企业服务中的一项重点服务与监控内容。

广东省作为全国科技创新驱动的领头羊，在知识产权保护工作方面的基础与创新工作处于全国领先地位。2019年4月22日，广东省市场监督管理局发布了《广东省市场监督管理局（广东省知识产权局）发布专利导航和知识产权分析评议工作指南》，为展开重大经济活动的知识产权分析工作提供了指导文件和工作依据；广东省目前也已经陆续成立广东省重点产业知识产权分析评议中心以及广东（汕头）知识产权分析评议中心、广东（珠海）知识产权分析评议中心、广东（东莞）知识产权分析评议中心等知识产权分析评议机构。

以广东省知识产权保护中心为例，保护中心开展重点产业和重大技术领域知识产权分析评议等项目，帮助决策部门和实施单位掌握所实施项目涉及知识产权的现状和合法性，识别、防范和应对项目实施过程中潜在的知识产权风险，为重大经济和科技活动决策服务。

因此，要充分利用省级政府公共资源，为深圳市坪山区在集成电路领域的技术人才引进、企业投资扩产等重大经济活动提供指导与服务，切实做到科学发展。

5.4 充分利用预审通道加快服务核心企业确权业务

广东省对于科技创新企业的知识产权保护提供了大量的政策倾斜与业务服务。例如广东省知识产权保护中心承担面向广东省战略性新兴产业开展快速协同保护的职责，其中就针对新一代信息技术产业（集成电路为下位技术范畴）开展专利快速预审服务。

广东省知识产权保护中心对备案主体提交的专利申请预审请求进行预审，形成预审结论。预审通过的专利申请，保护中心将标注进入快速审查通道。这样能够极大地加速集成电路领域企业在进行技术创新保护、产品推广销售等环节的专利保护。

参考文献

[1] 坪山区人民政府. 坪山概况［EB/OL］. (2022-09-26) ［2023-10-09］. http://www.szpsq.gov.cn/zjps/detail.html?img-1-1.

[2] 佚名. 芯片上中下游产业链全梳理：设计-圆晶代工-封装测试［EB/OL］. (2021-01-27) ［2023-10-09］. https://mbb.eet-china.com/wiki/300.html.

[3] 澎湃新闻. 中芯国际与深圳市政府签订合作协议，拟建28纳米工艺晶圆厂［EB/OL］. (2021-03-17) ［2023-10-09］. https://baijiahao.baidu.com/s?id=1694488864567031300&wfr=spider&for=pc.

[4] 彭新. 中芯国际与深圳政府签23.5亿美元扩产协议，目标每月约4万片12吋晶圆［EB/OL］. (2021-03-17) ［2023-10-09］. https://baijiahao.baidu.com/s?id=1694488251526053180&wfr=spider&for=pc.

[5] 李晨光. 分析本土车规级IGBT产业的发展现状、行业格局及未来趋势［EB/OL］. (2020-06-24) ［2023-10-09］. http://www.elecfans.com/d/1235378.html.

[6] 王琳琳. 解析车规级芯片的重要性［EB/OL］. (2021-02-18) ［2023-10-09］. http://www.elecfans.com/d/1503742.html.

[7] 梁昌均. 芯片制造TOP10出炉：中芯国际排第一，两家存储企业入选［EB/OL］. (2021-06-01) ［2023-10-09］. https://baijiahao.baidu.com/s?id=1701367579943710024&wfr=spider&for=pc.

[8] 金卫. 14nm工艺大爆发，中芯国际"国产替代"还有两道关［EB/OL］. (2020-11-12) ［2023-10-09］. https://baijiahao.baidu.com/s?id=1683131284942698145&wfr=spider&for=pc.

[9] 集微网. IC Insights：2020全球领先晶圆代工厂，三星、台积电、美光包揽前三［EB/OL］. (2021-02-11) ［2023-10-09］. https://baijiahao.baidu.com/s?id=1691331802527890423&wfr=spider&for=pc.

[10] 佚名. 中国已成为全球增速最快的集成电路市场［EB/OL］. (2021-06-11) ［2023-10-09］. https://www.sohu.com/a/471622062_100285680.